彩图 1　冰冻玛格利特

彩图 2　冰冻香蕉得其利

彩图 3　冰冻日出

彩图 4　B-52

彩图 5　彩虹

彩图 6　特基拉日出

彩图 7　威士忌酸

彩图 8　白兰地亚历山大

彩图 9　青草蜢

彩图 10　干马天尼

彩图 11　黑俄罗斯

彩图 12　螺丝刀

简介

本教材介绍了酒吧基础知识，并对酒的分类、鸡尾酒调制、酒吧服务和酒水销售管理等内容了阐述。教材实用性强、表现形式丰富，配有在线视频，适于中等职业技术学校教学使用。

本教材由杨真主编，赵洋主审。

图书在版编目（CIP）数据

调酒技术 / 杨真主编. —3版. —北京: 中国劳动社会保障出版社，2016
全国中等职业技术学校饭店服务专业教材
ISBN 978-7-5167-2585-6

Ⅰ. ①调…　Ⅱ. ①杨…　Ⅲ. ①酒 – 勾兑 – 中等专业学校 – 教材
①TS972.19

中国版本图书馆CIP数据核字（2016）第145349号

中国劳动社会保障出版社出版发行
（北京市惠新东街 1 号　邮政编码：100029）
*
三河市华骏印务包装有限公司印刷装订　新华书店经销
787 毫米 × 1092 毫米　16 开本　6.75 印张　4 彩插页　123 千字
2016 年 6 月第 3 版　2024 年 8 月第 12 次印刷
定价：16.00 元

营销中心电话：400-606-6496
出版社网址：http://www.class.com.cn
http://jg.class.com.cn

彩图 13　汤姆克林

彩图 14　红粉佳人

彩图 15　莫吉托

彩图 16　咸狗

彩图 17　血玛丽

彩图 18　长岛冰茶

彩图 19　百加得鸡尾酒

彩图 20　侧车

彩图 21　布朗克斯

彩图 22　新加坡司令

彩图 23　生锈钉

彩图 24　多品种展示

国家级职业教育规划教材

全国中等职业技术学校饭店服务专

杨真 主

调酒技

人力资源社会保障部教材办公

中国劳动社会保

进行

Ⅳ.(

Preface 前言

全国中等职业技术学校饭店服务专业教材自出版至今已有二十年，在此期间，我们密切关注行业的发展以及职业学校教学需求的变化，先后对教材进行了两次修订和增补开发，使得教材内容不断更新，体系逐步完善。

在新一轮的教材修订工作中，我们收集饭店企业对于技能型人才的具体要求以及学校使用教材的反馈意见，组织骨干教师与行业、企业的专家进行充分研讨，确定重点做好以下几方面工作：

◆更新教材内容　根据饭店企业的发展变化，补充有关饭店管理的最新理念，以及在线预订、智能系统等互联网时代出现的新方法、新技术，更新与饭店及旅游相关的人文信息，使教材内容更加具有前瞻性。进一步加大技能训练的比重，在前厅服务、客房服务、餐厅服务、康乐服务等主要技能课教材中，更多地加入实践案例和操作指导，有助于学校开展一体化教学。同时，将职业道德、服务意识、礼仪规范等有机融入到教学内容、课堂问答、课后训练等各环节中，以加强对学生职业素质的培养。

◆提升教材表现力　通过设置“案例分析”“知识链接”“服务提示”等不同栏目，增加教材的亲和力，激发学生的学习兴趣。同时，尽可能多地以图表代替冗长的文字叙述，使教材更加生动直观，易于学习。

◆加强立体化资源建设　将习题册修订与教材修订同步进行，同时补充开发配套的电子课件。习题册答案及电子课件可登陆 www.class.com.cn，搜索相应的书目，在相关资源中下载。

本套教材的编写得到了有关省市人力资源和社会保障部门以及一批中等职业技术学校的大力支持，教材的编审人员做了大量的工作，在此，我们表示衷心的感谢！同时，恳切希望广大读者对教材提出宝贵的意见和建议。

人力资源社会保障部教材办公室

Contents 目录

第一章 酒吧基础知识

酒吧起源于欧美。20 世纪 30 年代，随着西方文化的涌入，我国的上海、广州等地陆续出现酒吧。到了 20 世纪 80 年代，由于外资饭店与合资饭店的兴起和发展，酒吧作为一项特殊的服务项目也随之进入饭店服务业，且越来越显示出其重要性。目前，很多饭店都设有酒吧，有的饭店甚至设有多个酒吧。

学习目标

☆ 了解酒吧的定义和类型。
☆ 了解酒吧吧台的相关知识。
☆ 掌握酒吧用具的使用方法。
☆ 掌握酒吧设备的使用方法。

第一节　酒吧的定义及类型

一、酒吧的定义

酒吧是提供饮品及服务，并以赢利为目的，做有计划经营的一种经济实体。常作为人们休闲、聚会和商务洽谈的场所。

酒吧最早出现在乡村路边的一些小客栈、小餐馆内，随着社会的发展，酒吧逐渐从客栈、餐馆中分离出来，演变成专门销售酒水、公众聚会的场所，并由乡村进入了城市，在城市得到了进一步发展。

酒吧发展到现在有了很大的变化，经营场所不断扩大，设备越来越先进，提供的产品也日益丰富，除酒品以外，也提供无酒精饮料，许多酒吧还增设了多种娱乐服务项目。酒吧已经成为餐饮业重要的组成部分。

二、酒吧的类型

酒吧主要有站立式酒吧、服务性酒吧、鸡尾酒廊、宴会酒吧、自助酒吧、客房酒吧等。酒吧的类型可以体现出它的不同形式、规模和功能。

1．站立式酒吧（Stand-up Bar）

站立式酒吧是一种最为常见的酒吧形式，如图1—1所示。所谓“站立式”，并非指顾客站着饮酒，这只是一种传统称呼，现在站立式酒吧一般都配有吧凳和吧椅。站立式酒吧通常又称为前台吧（Front Bar），其特点是客流量大，周转较快，但操作和服务空间较小。

站立式酒吧的调酒师需面对顾客进行酒水饮品的调配，调酒操作具有明显的表演性，对调酒师的专业技术要求较高。首先要求调酒技师保持整洁的仪表仪容，精神饱满，动作干净利落，用料用量准确无误。其次要求调酒师保持清醒的头脑和敏捷的思维。例如，调酒师对常客爱点的饮品最好能记住，一旦顾客进入酒吧，便可以迅速准备好酒水，使顾客在最短时间内享受自己所喜欢的饮品。站立式酒吧还被业内人士称为信息交流中心，因为它能及时反映流行饮品的变化情况，调酒师可以随时捕捉这些信息，并将其反馈给酒吧经营者，使经营者及时调整经营品种，保证常用酒品的储存充足，满足顾客的需求。除此之外，调酒师还必须具有较强的交际能力，能够应对各类顾客，并与顾客保持良好关系。

图 1—1 站立式酒吧

2. 服务性酒吧（Service Bar）

服务性酒吧又称餐厅酒吧或后吧，通常设置在厨房或餐厅内，为就餐顾客提供各种饮品服务，如图 1—2 所示。在服务性酒吧工作的调酒师一般不直接面对顾客，所有饮品经调酒师准备好，由服务员送给顾客。另外，服务性酒吧往往根据餐厅的类型和经营特色储存和提供酒水。如果是西餐厅，因为供应的菜肴需要用各类葡萄酒搭配，所以葡萄酒储备较多；如果是中餐厅，则更多地配备白酒，供顾客选择。软饮料、啤酒等也是服务性酒吧主要的经营内容。服务性酒吧构造比较简单，设备设施也不豪华，除了正常的工作台外，一般配备一台较大的冷藏柜和一个葡萄酒架，工作区和储藏区的空间也相对较小。

图 1—2 服务性酒吧

3．鸡尾酒廊（Cocktail Bar）

鸡尾酒廊通常是饭店主要的酒水销售场所，属于饭店的主酒吧，如图 1—3 所示。酒廊通常装潢考究，或富丽堂皇，或幽雅恬静。它和西餐厅一样，往往是一个酒店等级的象征。酒廊内通常根据装饰特点配备钢琴或其他乐器，供乐师为顾客演奏助兴。酒廊配备桌椅，并有专门的调酒师和服务员提供服务。鸡尾酒廊常见的形式有两种，一种称为门厅吧，另一种称为大堂吧。门厅吧一般位于饭店大堂附近，内部装潢可以和大堂一致，也可以另辟蹊径。这一类酒吧豪华典雅，主要供应酒水和香烟。大堂吧一般设置在饭店大堂的一侧，用矮墙、花架等与大堂相对隔开，对客进行敞开式服务。少数饭店则是将酒吧与咖啡厅合二为一，除提供饮品外，还提供蛋糕、点心等小吃。

图 1—3　鸡尾酒廊

4．宴会酒吧（Banquet Bar）

宴会酒吧又称临时性酒吧，是为配合各种宴会临时设立的。宴会酒吧的大小由宴会的规模和形式决定。宴会酒吧最大的特点是其临时性显著，供应酒水品种随意性大。由于宴会酒吧营业时间短，宾客集中，服务人员工作量大，服务速度快，因此，对调酒师提出了更高的要求。调酒师在对客服务中要保持清醒的头脑，思维敏捷，动作迅速，工作要有条理，一般一位调酒师每小时要服务 50～100 名宾客。调酒师在营业前需做大量的准备工作，如根据顾客的要求准备酒水、杯具、配料、调酒用具、冰块等；营业结束后还要将所有空瓶、剩余的饮品等全部退回酒吧，并做好结账、保洁工作。

5．自助酒吧（Self-service Bar）

自助酒吧一般设置在饭店、邮轮等场所，由顾客自助服务。自助酒吧主要设备有自助调酒机、自助售酒机、自助饮料机、售烟机等，如图 1—4 所示。

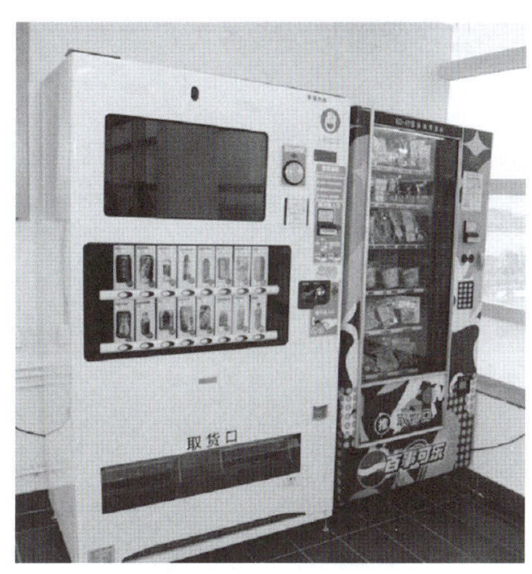

图 1—4　自助酒吧

6．客房酒吧（Mini Bar）

客房酒吧又称迷你酒吧，一般陈设在酒店的客房内。客房酒吧的结构很简单，一般由一个小冰箱和一个能摆放方便食品的陈列架组成。客房酒吧的经营方式是顾客根据需要自取饮料、食品，离店时客房服务人员会把顾客的消费情况报告前台，由前台统一结算。客房酒吧经营的酒水品种较少。

以上几种是最常见的酒吧类型，除此以外，不同的饭店还会结合自身的特点设置其他酒吧，如游泳池酒吧、海滩酒吧、英式酒馆等。

第二节　酒吧吧台

酒吧吧台作为酒吧向顾客提供酒水及其他服务的工作区域，是酒吧的核心部位。为了更好地使用吧台及为顾客提供服务，服务人员须了解吧台的相关知识。

一、吧台的类型

因酒吧的空间形式、结构特点不一样，吧台的设计也不同。吧台就其样式主要有以下三种基本形式：

1．直线形吧台

两端封闭的直线形吧台是最常见的吧台类型，如图 1—5 所示。直线形吧台的长度没有固定尺寸，一般情况下，一名服务人员能有效控制的最长吧台是

3 m。吧台增长，服务人员就要随之增加。

图 1—5　直线形吧台

2. 马蹄形吧台

马蹄形吧台又称U形吧台。这种吧台伸入酒吧室内，一般有3个或更多的操作点，两端抵住墙壁，中间可以设置一个岛形空间用来储存饮品和放置冰箱，如图1—6所示。

图 1—6　马蹄形吧台

3. 环形吧台或中空的方形吧台

这种吧台的中部另有岛形吧台，供陈列酒类和储存物品，如图1—7所示。这种吧台的好处是能够充分展示酒品，也能为顾客提供较大的活动空间，但它令服务难度增大。如果只有一名服务人员，那么他必须照看4个区域。

图 1—7 环形吧台

二、吧台设置的基本要求

吧台设置要因地制宜，一般有以下两点要求：

1．视觉显著

因为吧台是酒吧的中心和总标志，所以应使顾客在刚进入酒吧时就能看到吧台的位置，感觉到吧台的存在。所谓的视觉显著即吧台的位置要醒目，如近进门处、正对门处等，如图 1—8 所示。

图 1—8 吧台的位置要醒目

2．合理布置空间

吧台设置对酒吧中任何位置的顾客来说，都要能得到快捷的服务，同时也便于服务人员的服务活动。所谓合理布置空间，即尽量使一定的空间既能多容纳顾客，又要使顾客不感到拥挤和杂乱，同时还要满足目标顾客对环境的特殊要求，如图1—9所示。例如，在酒吧入口的右侧，较吸引人的设置是将吧台放在距门口几步远的地方，而在左侧的空间则设置半封闭式的火车座。同时应注意，吧台设置处要留有一定的空间以便于服务，这一点往往被一些酒吧所忽视，以至于在服务人员服务时与顾客争抢空间，或躲闪不及时将酒水洒落。

图1—9　合理布置空间

三、吧台设计的注意事项

为了操作方便及布局美观，在设计吧台时应注意以下几点：

1．酒吧应由前吧、操作台（中心吧）以及后吧3部分组成。

2．吧台前吧高度大约1～1.2 m，但这种高度标准并非绝对，可随调酒师的要求而定。

3．前吧下方操作台的高度一般为76 cm，也可据调酒师的身高而定。一般的高度应在调酒师手腕处。

4．后吧高度通常在1.75 m以上，但顶部不可高于调酒师伸手可及处，下层一般为1.10 m左右或与吧台等高。后吧实际上起着储藏、陈列的作用，上层的橱柜通常陈列酒具、酒杯及各种酒瓶，中间的橱柜多为储存配制混合饮品的各种烈酒，下层的橱柜多存放红葡萄酒及其他酒吧用具。安装在下层的冷藏柜则用于冷藏白葡萄酒、啤酒以及各种水果原料。

5．前吧至后吧的距离，即服务人员的工作通道，一般为 1 m 左右，且不可有其他设备放置其中。通道顶部应装有吸塑板或橡皮板顶棚，以保证酒吧服务人员的安全。通道的地面应铺设塑胶、木条或橡皮垫，以减轻服务人员长时间站立而产生的疲劳。

第三节　酒吧设备

酒吧吧台区是酒吧操作和酒水供应的中心区，也是酒吧设备最集中的地方。吧台区的设备是否齐全，布置是否合理，直接影响着酒吧服务人员的工作效率。

一、前吧设备

酒吧前吧是酒吧面对顾客的部分。前吧一般的功能包括鸡尾酒制作和饮料操作出品服务等。前吧和操作台的设备通常包括洗涤槽及沥水板、洗杯机、储冰槽及酒瓶舱、啤酒配出器、软饮料配出器、酒杯冷却冰箱、咖啡机、搅拌器和混合机等。

1．洗涤槽和沥水板

洗涤槽通常为三格，分别具有初洗、刷洗及消毒功能。沥水板置于洗涤槽旁边，使已洗净的杯具不接触其他物品而自然将水渍沥干，最大限度地保证杯具的洁净卫生度。洗涤槽及沥水板如图 1—10 所示。

图 1—10　洗涤槽

2．洗杯机

洗杯机中有自动喷射装置和高温蒸汽管。较大的洗杯机可放入整盘的杯子进行清洗。一般将酒杯放入杯筛，再放入洗杯机，设置好程序，打开开关即可清洗。较先进的洗杯机还有自动注入清洁剂和催干剂的装置。

3．储冰槽及酒瓶舱

酒吧经营离不开冰块，调酒师会随时将冰块加至饮品中，因此，前吧要设置储冰槽。同时，在储冰槽旁配置酒瓶舱，一是可稳定酒瓶，不致被随手碰倒；二是可借助储冰槽的槽壁保持酒的冷却度。储冰槽及酒瓶舱如图 1—11 所示。

4．啤酒配出器

啤酒配出器也叫扎啤机，由制冷机、扎啤桶、二氧化碳气瓶组成。它的工作原理是用二氧化碳气瓶里的高压气体把扎啤桶里的啤酒压出，使啤酒进入制冷机，然后从出酒器（见图 1—12）流出。一般来说，酒吧的顾客对啤酒的饮用量较大，啤酒配出器不仅能提供富有营养的鲜啤酒，还能提高工作效率。

图 1—11　储冰槽及酒瓶舱

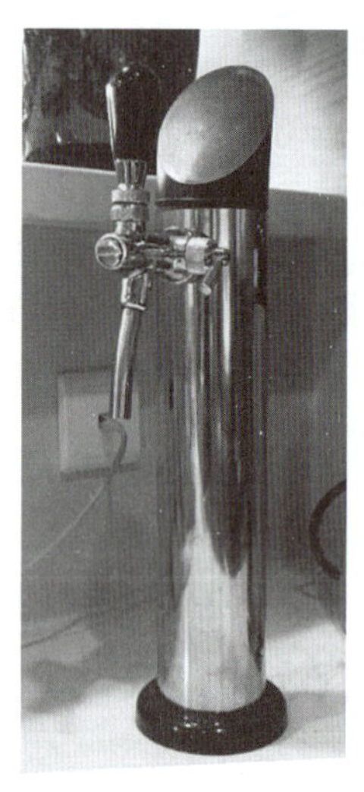

图 1—12　扎啤机出酒器

5．软饮料配出器

软饮料配出器（见图 1—13）是一种连接多种饮料储存设备的出品装置。酒吧中软饮料的需求量较大，如苏打水、汤力水、可乐、雪碧等。软饮料配出器的优点是可以提高工作效率和保证饮品供应的一致性，减少浪费。

6．酒杯冷却冰箱

酒杯冷却冰箱是用于冰镇酒杯的设备，如图 1—14 所示。

7．咖啡机

咖啡机是酒吧的主要设备之一，主要用于咖啡饮品的制作，如图 1—15 所示。咖啡机有各种款式和型号。

图 1—13　软饮料配出器

图 1—14　酒杯冷却冰箱

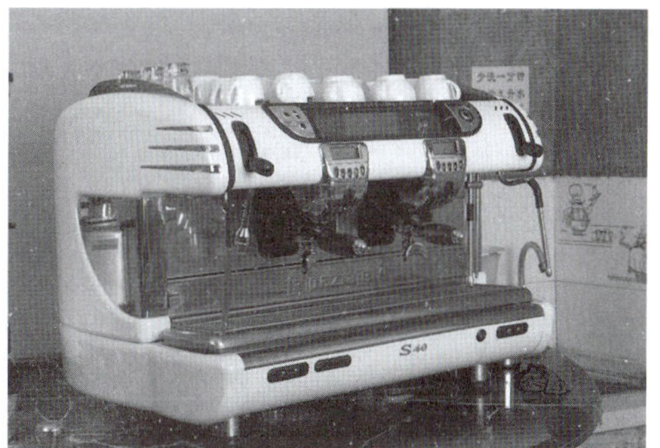

图 1—15　咖啡机

8．搅拌器（调酒器）

在调制较黏稠的饮品或在鸡尾酒中加入鸡蛋、奶油等难以搅拌的食物时，手工调制速度很慢，使用小型搅拌器，既能减轻操作人员的工作量，又能节省时间，提高饮料调制质量。常用搅拌器有手提式搅拌器和台式搅拌器两种。

9．混合机（混合器）

混合机（见图 1—16）是一种混合食物的设备。混合机用途广泛，可以磨咖啡，调制蛋奶酱、冰激凌，把水果捣烂以榨取果汁等。混合机与电动搅拌机的区别在于工作速度与结构不同，电动搅拌机的工作速度通常

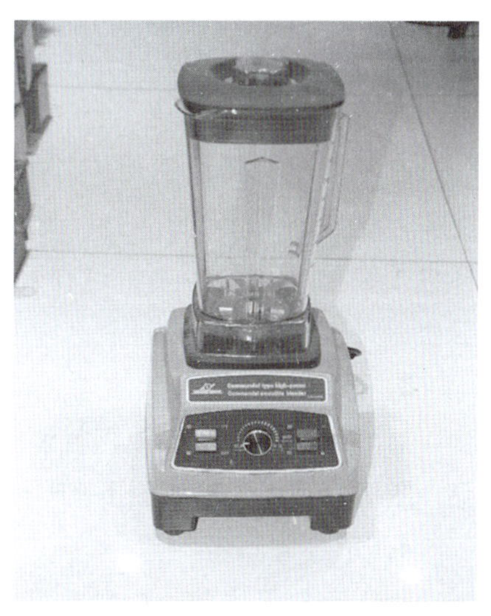

图 1—16　混合机

为 300～1 300 r/min，而混合机的工作速度为 3 000～13 000 r/min；混合机的搅拌器是一对短切刀，电动搅拌机的搅拌器多为钝器。

二、后吧设备

酒吧的后吧是指吧台的后部区域，主要设备包括酒吧展示柜、酒杯储藏柜、瓶酒储藏柜、干品储藏柜、电冰柜、制冰机和碎冰机等。

1. 酒吧展示柜

酒吧展示柜是位于后吧的橱柜，镶嵌有玻璃镜，用于陈列酒具、酒杯及各种名品酒瓶，如图 1—17 所示。酒吧展示柜的玻璃镜起到增加房间深度的作用，同时也可使坐在吧台前喝酒的顾客通过镜子的反射，观看到酒吧内的场景，调酒师也可借此间接地观察顾客。

图 1—17　酒吧展示柜

2. 酒杯储藏柜

有些酒吧将需要使用的酒杯吊挂在吧台上方，顾客使用后清洗完毕再吊挂上去，这是不正确的。吧台上方的吊挂酒杯只能用作装饰。而供顾客使用的酒杯应放在酒杯储藏柜中，这样既保证服务人员取放方便，又能保证酒杯的干净卫生。

3. 瓶酒储藏柜

瓶酒储藏柜用于存放烈性酒、红葡萄酒等无需冷藏存放的酒品及其他酒吧用品。瓶酒储藏柜内部如图 1—18 所示。

4. 干品储藏柜

用于存放干果品、小食品等。

图 1—18 瓶酒储藏柜内部

5．电冰柜

后吧区可配置两个电冰柜，一个用于冷藏白葡萄酒、啤酒及各种水果原料；另一个可存放饮料、配料、装饰物等。如冷藏的品种和数量少，只配置一个即可。电冰柜主要有立式及卧式两种。

6．制冰机

制冰机是一种专门生产小块食用冰的冷冻设备，如图 1—19 所示。制冰机所制的冰粒大粒的为 28 mm × 28 mm × 20 mm；小粒的为 25 mm × 25 mm × 20 mm。冰粒有长方形、正方形、棱柱、棱台、圆柱、圆台、薄片等形状。

7．碎冰机

碎冰机是制作碎冰的专用工具，如图 1—20 所示。碎冰机通常还配有一些

图 1—19 制冰机

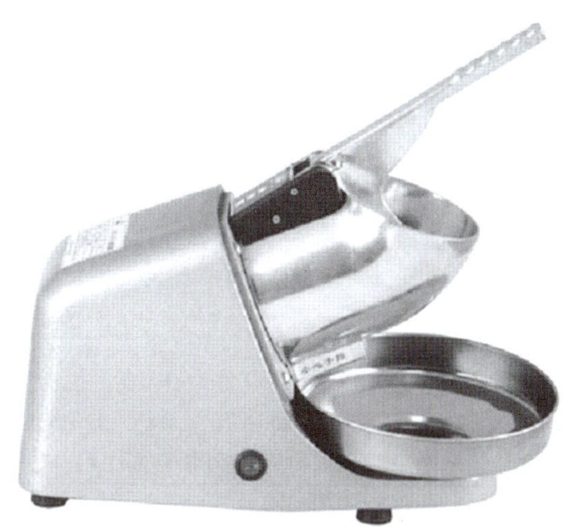

图 1—20 碎冰机

附加的装置，不仅可以制作大小、形状不同的冰粒，还可以得到经过破碎的、不规则的细冰粒以及粉碎成极小的薄冰“雪花”，也称刨冰。

第四节 酒吧用具

一、酒吧调酒用具

酒吧调酒需要使用器具，每一位调酒师必须掌握它们的使用方法。常用调酒用具见表1—1。

表1—1 常见酒吧调酒用具

名称	用途	图片
摇酒壶（Shaker）	用于摇制鸡尾酒，按容量分为大、中、小3种型号	
调酒杯（Mixing Glass）	用于调制鸡尾酒	
量杯（量酒器）（Measure Glass）	量杯又称为盎司器，用于度量酒水的分量，通常有大、中、小3种型号。每一种量酒器两端容量都不同，大号量酒器为30～60 mL，中号量酒器为30～45 mL，小号量酒器为15 m～30 mL	

续表

名称	用途	图片
滤冰器 （Strainer）	在调酒时用于过滤冰块	
吧匙 （Bar Spoon）	吧匙分为大、小两种，用于调制鸡尾酒或混合饮料	
鸡尾酒签 （Cocktail Picks）	用于串起鸡尾酒的装饰品，如水果、蔬菜等，起装饰性作用	
柠檬夹 （Lemon Squeezer）	用于挤压柠檬汁	
冰桶 （Ice Bucket）	用于盛装冰块	
冰铲 （Ice Spoon）	用于从冰桶或是制冰机铲起冰块	
真空酒塞 （Wine Stopper）	用于未饮尽的红酒、洋酒及各种果汁和饮料的保鲜，可长时间维持酒瓶内良好的真空状态	

二、酒吧酒杯

酒杯有平光玻璃杯、刻花玻璃杯和水晶玻璃杯等。根据酒杯的档次，每一种酒杯都有许多不同的样式。酒杯的容量习惯用盎司（oz）来计算，在国内基本按 mL 来计算（1 oz = 28 mL）。

酒杯主要有以下几种类型：

1．烈酒杯

烈酒杯的容量规格一般为 56 mL，用于盛装各种烈性酒，如图 1—21 所示。烈酒杯只限于在净饮（不加冰）时使用。

2．鸡尾酒杯

鸡尾酒杯的容量规格为 98 mL，在调制鸡尾酒以及饮用鸡尾酒时使用，如图 1—22 所示。

图 1—21　烈酒杯

图 1—22　鸡尾酒杯

3．柯林杯

柯林杯的容量规格一般为 280 mL，用于盛装各种烈酒或汽水等软饮料及一些特定的长饮鸡尾酒，如图 1—23 所示。

4．古典杯

古典杯的容量规格一般为 224～280 mL，大多用于盛装加冰块的酒和威士忌酒，有些鸡尾酒也使用这种酒杯，如图 1—24 所示。

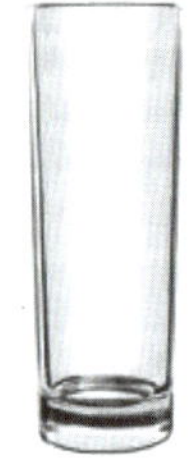

图 1—23　柯林杯

图 1—24　古典杯

5. 白兰地杯

白兰地杯的容量规格为224～336 mL，在净饮白兰地酒时使用，如图1—25所示。

6. 香槟杯

香槟杯的容量规格为126 mL，用于饮用香槟酒和气泡葡萄酒，如图1—26所示。

图1—25　白兰地杯

图1—26　香槟杯

7. 酸酒杯

酸酒杯的容量规格为112 mL，在饮用酸味鸡尾酒（如威士忌酸）时使用，如图1—27所示。

8. 利口杯

利口杯的容量规格为35 mL，用于盛装各种餐后甜酒、鸡尾酒等，如图1—28所示。

9. 海波杯

海波杯的容量规格为280 mL，多用于盛载长饮酒或软饮料，如图1—29所示。

图1—27　酸酒杯

图1—28　利口杯

图1—29　海波杯

10. 葡萄酒杯

葡萄酒杯又分为白葡萄酒杯和红葡萄酒杯两种。白葡萄酒杯的容量规格为98 mL，在饮用白葡萄酒时使用，如图1—30所示；红葡萄酒杯的容量规格为224 mL，在饮用红葡萄酒时使用，如图1—31所示。

图 1—30　白葡萄酒杯

图 1—31　红葡萄酒杯

三、酒吧其他必备用具

除上述器具外，酒吧在对顾客服务时通常还需要下列用品和设备：酒单、盘、碟、咖啡杯、茶杯、托盘、收费盘、火柴（打火机）、干果盅、蜡烛、咖啡勺、收款机、扑克和象棋等。

四、酒吧用具的清洗与消毒

酒吧器具的清洗与消毒是指使用特定的方法来杀死病原微生物及清洁器具。

1．器皿的清洗与消毒

（1）器皿的清洗

器皿包括酒杯、碟、咖啡杯、咖啡匙等。清洗时通常分为 3 个程序：冲洗—浸泡—漂洗。

1）冲洗。用自来水将用过的器皿上的污物冲掉，这道程序必须注意冲干净，不留任何点、块状的污物。

2）浸泡。将冲洗干净的器皿（带有油迹或其他不易冲洗的污物）放入洗洁精溶剂中浸泡，然后擦洗直至没有任何污物。

3）漂洗。把浸泡后的器皿用自来水漂洗，去除洗洁精的味道。

（2）器皿的消毒

1）煮沸消毒法。该法是公认的简单而又可靠的消毒方法。将器皿放入水中后，将水煮沸并持续 2～5 min 即可达到消毒目的。注意要将器皿全部浸没水中，消毒时间从水沸腾后开始计算，水沸腾后消毒过程中不能降温。

2）蒸气消毒法。消毒柜上插入蒸气管，管中的流动蒸气是过饱和蒸气，一般在 90℃左右。消毒时间为 10 min。消毒时要尽量避免消毒柜漏气。器皿之间要留有一定的空间，以利于蒸气的通行。

3）远红外线消毒法。将器皿放入远红外线消毒柜，在 120～150℃高温下持续放置 15 min，基本可达到消毒的目的。

2．用具的清洗与消毒

用具指酒吧常用工具，如酒吧匙、量杯、摇酒壶、搅拌机、水果刀等。用具通常只接触酒水和原料，不接触顾客，所以直接用自来水冲洗干净即可。酒吧匙、量杯不用时可浸泡在干净的水中，但要经常换水。调酒壶、搅拌机每次使用后都要清洗。用具的消毒方法也可采用煮沸消毒法。

思考与练习

1. 简述酒吧的类型。
2. 简述酒吧调酒用具的用途。
3. 列举酒吧载杯的品种和容量规格。
4. 简述酒吧用具常用的消毒方法。

第二章
酒的分类

按照生产工艺的不同，酒可分为以下 3 种：发酵酒、蒸馏酒和混配酒。掌握酒水知识是调酒师的必修课程。调酒师只有做到对酒水了如指掌，才能让每一杯酒淋漓尽致地展现出其独特魅力。

学习目标

☆明确酒的分类及分类方法。

☆掌握常见酒的类型及代表品牌。

☆掌握鸡尾酒的基础知识。

第一节　发酵酒

发酵酒又称原汁酒或酿造酒，是在含有糖分的原料中加入酵母经发酵而成。发酵酒是人类最早酿造的酒精饮品，有着悠久的历史。这类酒的主要特点是：酒精含量低，绝大多数发酵酒的酒精含量都在15%以下；保持原汁原味，发酵酒的酿造原料大多为谷物或水果，酿成的酒液会带有酿造原料的味道，如啤酒带有麦芽的香味，葡萄酒带有水果的香味等。

常见的发酵酒根据生产原材料的不同，可分为谷物发酵酒和水果发酵酒。谷物发酵酒有啤酒、米酒、黄酒、清酒等，水果发酵酒有葡萄酒、西达酒、果露酒等。

知识链接

酒液中酒精含量的表达方法

酒精在常温下呈液态，无色透明，可与水无限相融，酒精的沸点温度为78.3℃，冰点温度为−114℃。

目前，酒液中酒精含量的表达方法有三种：标准酒度法（GL）、英制酒度法（UK Proof）和美制酒度法（US Proof）。我国使用的是标准酒度法。

标准酒度法：被测酒液在20℃的温度下，每100 mL的酒液中含有1 mL的酒精，就被称为1°。

三种酒液表达方法的换算公式为：1 GL=7/8 UK Proof=1/2 US Proof

一、啤酒

啤酒是以麦芽、啤酒花、水为主要原料，经酵母发酵酿制而成的饱含二氧化碳的低酒精度酒，被称为“液体面包”。

1．啤酒的特点

啤酒是一种原汁酒，营养成分丰富，含有17种人体所必需的氨基酸和12种维生素。以大麦为原料生产的啤酒口味最佳。

2. 啤酒的分类

(1) 按颜色分类

1) 黄色啤酒。酒液多呈淡黄色，香气突出，酒精度为 3°～5°。

2) 白色啤酒。酒液多呈白色，有水果香味且略带焦香，酒精度为 1°～3°。

3) 黑色啤酒。酒液多呈深褐色，酒精度一般在 8.5°。

4) 棕色啤酒。酒液的颜色多呈棕色。

(2) 按麦芽汁浓度分类

1) 低浓度啤酒。原麦芽汁浓度为 7°～8°，酒精含量在 2% 左右。

2) 中浓度啤酒。原麦芽汁浓度为 11°～12°，酒精含量在 3.1%～3.8% 之间。

3) 高浓度啤酒。原麦芽汁浓度为 14°～20°，酒精含量在 4.9%～5.6% 之间。

(3) 按是否经过杀菌处理分类

1) 鲜啤酒。鲜啤酒又称生啤，泛指生产过程中不经巴氏杀菌，但符合卫生标准的啤酒。鲜啤酒口感鲜美，营养价值较高，但保存时间较短。鲜啤酒最理想的储存温度是 3℃。当温度升高到 7～10℃ 并持续一段时间后，鲜啤酒会进行二次发酵而失去美味，因此，鲜啤酒只适于当地销售。

2) 熟啤酒。熟啤酒是指经过巴氏杀菌的啤酒，这样可防止酵母继续发酵和受微生物的影响。熟啤酒保存时间长，适于运销。

(4) 按发酵形式分类

1) 上发酵啤酒。上发酵啤酒在啤酒酿造过程中温度较高，酵母上浮又因发酵过程中掺进了烧焦的麦芽，所以产出的啤酒色泽较深，酒精含量也相对较高。上发酵啤酒的主要产地是英国和爱尔兰，爱尔（Ale）是英式上发酵啤酒的总称。上发酵啤酒的典型代表见表 2—1。

表 2—1　　上发酵啤酒的典型代表及特点

啤酒品种	啤酒特点
健力仕啤酒（Guinness Stout）	健力仕啤酒产自爱尔兰都柏林郡的吉尼斯酒厂。此酒味感鲜明，苦味重。酒精含量在 4%～7%，夏天可加入香槟饮用
司都特啤酒（Stout）	司都特啤酒的最大特点是啤酒花用量多，因此酒花香味极浓，司都特啤酒的主要产地是英国和爱尔兰
波特啤酒（Porter）	波特啤酒与司都特啤酒较相似，但口味浅淡很多，色泽也不如其深沉。此酒最大的特点是泡沫浓而稠，有奶脂感。波特啤酒原为伦敦脚夫所喜爱的啤酒，故人们以英文中的“Porter”（脚夫）相称

2) 下发酵啤酒。下发酵啤酒在酿造过程中温度较低，发酵后期酵母沉淀，

酒液呈金黄色，口味较重，有啤酒花香味，原料为麦芽、啤酒花、水，发酵结束后需经陈酿和沉淀，酒精含量为4%。下发酵啤酒的主要产地是日本、美国和德国。拉戈（Lager）是所有下发酵啤酒的总称。下发酵啤酒的典型代表见表2—2。

表2—2　下发酵啤酒典型代表及特点

啤酒品种	啤酒特点
贝克啤酒（Beck's）	贝克啤酒酒体较重，味道甜，生产季节性强，通常于每年5月至秋季生产，一旦生产便要立即销售，不能长期保存，它的酒精含量一般低于6%
包克啤酒（Bock）	包克啤酒是用啤酒沉淀制作的浓度啤酒，一般在春天生产，一年中只有6个月供应。美国的包克啤酒比较著名
多特蒙德啤酒（Dortmund）	多特蒙德啤酒所用的啤酒花较少，酒精含量较高，苦味轻，是极具代表性的一类下发酵啤酒，以德国出产的为最佳
慕尼黑啤酒（Munich）	慕尼黑啤酒有浓馥的焦香麦芽味，口味微苦之后有些甜，以德国中部慕尼黑地区所产品种为最佳

3．啤酒的品鉴

（1）外观

观察酒液中的气泡，鉴别是否振荡过。一杯好的啤酒一般在1 min内至少还保持有一半泡沫层，品尝一口后，应该在杯壁内侧留下泡沫的痕迹，此现象俗称“挂杯”。

（2）香味

香味是啤酒闻上去味道的具体表示，与啤酒花带给啤酒的芳香有关。啤酒花香味也称作“啤酒花味道”，只有在啤酒刚倒出来时才能辨别，很快就会消失。

（3）口感

啤酒的口感是指对酒体的知觉。受啤酒中蛋白质和糊精的影响，其口感会有淡或浓之分。

（4）后熟感

后熟感与碳酸化两词可相互替换使用，是用来描述啤酒中二氧化碳含量的名词。不少啤酒厂常常是通过人为注入二氧化碳的方法使啤酒碳酸化，因为适当的瓶中后熟将带给啤酒丰富的营养成分，赋予啤酒更好的口感。但后熟时间太长，会使啤酒口味过淡；时间太短，会使啤酒口味过甜。

（5）回味

回味是指咽下一口啤酒后在口腔内保持的味道。大多数情况下回味是希望能够调和和消除啤酒花的苦味。

4．啤酒的储藏

（1）下发酵啤酒应保存在4～5℃的黑暗处，冰箱储藏温度应保持在7℃左右。

（2）上发酵啤酒应保存在阴凉处，温度应保持在10～13℃。

（3）鲜啤酒与熟啤酒因酒龄不同，保质期和保鲜期也不同。鲜啤酒可储存5～7天，储存温度应在10℃以下；熟啤酒储存温度应控制在10～25℃，以16℃为最佳，可储存60～120天，储存时间从生产之日算起。

（4）瓶装啤酒储存时以堆放5～6层为宜，听装啤酒最多可以堆放10层，并按种类、规格，特别是出厂日期储存，出库时坚持“先进先出”的原则。

（5）库房应干净卫生、无杂物，保持通风，避免潮湿；确保无阳光直接照射啤酒，防止啤酒在光线的照射下加速降低其稳定性而产生氧化浑浊等现象。

5．啤酒的服务及饮用

（1）注意要点

1）啤酒杯一定要清洁卫生，如果条件允许，使用前最好对杯子有一个微冷冻的过程。

2）啤酒饮用前通常应在3～5℃之间储存，正常饮用温度应4～7℃之间。温度过高会产生过多泡沫，苦味会加重；温度过低会平淡无味，并失去泡沫。

3）啤酒的泡沫应以保持在杯沿下1.5～2 cm为最佳。

4）顾客要求更换啤酒品牌时，应更换新杯具。

（2）啤酒杯的选择

选择啤酒杯时，应选用透明、无污、无味、无脂的玻璃制品。

（3）啤酒杯的清洗

1）使用无味、无脂、非汽油类的洗涤剂。

2）啤酒杯的内壁、外壁均要彻底洗刷。

3）用冷水清洗，去掉遗留污垢。

4）二次使用洗涤剂，以确保没有异味留下。

5）最好以蒸汽机完成干燥过程，如果条件不允许，也可自然风干。

6）饮用前用冷水冲洗啤酒杯，目的在于清除毛絮或脏物，使杯具降温，并有助于形成恰当的泡沫层。

6．世界知名品牌啤酒生产国及产品

（1）德国

德国拥有1 500多个啤酒厂，品牌5 000多个，啤酒的酒精含量有2%～5%，8%，11%～14%，16%等不同类型。代表品牌：贝克（Beck’s）（见

图2—1）、多特蒙德（Dortmund）、海宁格（Henninger）（见图2—2）、卢云堡（Lowenbrau）。

（2）丹麦

在丹麦，啤酒的生产最早起源于15世纪。代表品牌：嘉士伯（Carlsberg）（见图2—3）。

图2—1　贝克啤酒

图2—2　海宁格啤酒

图2—3　嘉士伯啤酒

（3）荷兰

在荷兰，啤酒的生产同样起源于15世纪。代表品牌：喜力（Heineken）（见图2—4）。该酒产量居世界第四位，占荷兰啤酒年度产量的60%。

（4）比利时

比利时从1890年开始生产下发酵啤酒。代表品牌：亚多瓦（Artois）（见图2—5）、皮爱伯夫（Piedboenf）。

（5）英国和爱尔兰

20世纪60—70年代，下发酵啤酒风靡世界，但英国和爱尔兰却仍保持着自己传统的生产方法。

英国以生啤和淡啤为主，大部分用上发酵方法生产，因此饮用时无需冷冻，生啤用桶装，酒精含量为3.5%～4%；淡啤酒用瓶装。代表品牌：纽卡斯尔（S&N）。

爱尔兰以生产吉尼斯黑啤酒闻名于世，这种号称"男子汉的饮料"的啤酒颜色深褐，口感丰满。代表品牌：健力仕（Guinness Stout）（见图2—6）。

（6）日本

代表品牌：麒麟（Kirin）（见图2—7）、札幌（Sapporo）（见图2—8）、朝日（Asahi）、三得利（Suntory）。

（7）美国

代表品牌：百威（Budweiser）（见图2—9）、幸福（Lucky）、第一（Primo）、帕伯斯特（Pabst）。

图 2—4　喜力啤酒

图 2—5　亚多瓦啤酒

图 2—6　健力仕啤酒

图 2—7　麒麟啤酒

图 2—8　札幌啤酒

图 2—9　百威啤酒

(8) 中国

代表品牌：燕京（见图 2—10）、青岛（见图 2—11）、哈尔滨等。

(9) 新加坡

代表品牌：虎牌（Tiger）（见图 2—12）。虎牌啤酒闻名于世，是新加坡和荷兰喜力公司合资经营的，在马来西亚设有分厂。

图 2—10　燕京啤酒

图 2—11　青岛啤酒

2—12　虎牌啤酒

(10) 西班牙

代表品牌：生力（San　Migule）（见图 2—13）。该酒原产于西班牙，后转至菲律宾生产，最后转至中国香港生产。

（11）澳大利亚

代表品牌：富仕达（Foster）（见图 2—14）。

（12）捷克

代表品牌：皮尔森（Pilsen）。

（13）法国

代表品牌：香比组尔（Champigneulles）、克罗能堡（Kronenbourg）（见图 2—15）。

图 2—13　生力啤酒

图 2—14　富仕达啤酒

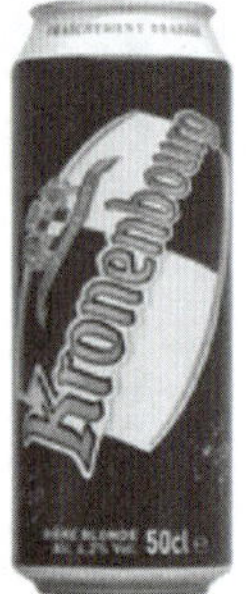

图 2—15　克罗能堡啤酒

（14）意大利

代表品牌：德莱赫（Dreber）、弗斯特（Forst）。

（15）奥地利

代表品牌：哥瑟（Gosser）、莫劳厄（Marauer）。

（16）瑞士

代表品牌：红衣主教（Cardinal）、飞尔西罗森（Feldschlosschen）。

（17）瑞典

代表品牌：斯凯尔（Skal）、三王冠（Three Crown）。

（18）墨西哥

代表品牌：卡达 · 布朗卡（Carta Blanca）。

（19）加拿大

代表品牌：摩尔森 · 加拿大人（Molson Canadian）、驼鹿头（Moosehead）。

二、中国黄酒

中国黄酒，也称米酒（Rice Wine），属于发酵酒，在世界三大发酵酒（黄酒、葡萄酒和啤酒）中占有重要的一席，其酿酒技术独树一帜。

黄酒是用谷物作原料，用麦曲和小曲作糖化发酵剂制成的发酵酒。在历史上，黄酒的生产原料在北方为粟（在古代，是秫、梁、稷、黍的总称，有时也称为粱；现在称为谷子，去除壳后称为小米），南宋时期，黄酒开始生产；元朝，黄酒开始在北方得到普及，在南方，黄酒生产得以保留；清朝时期，以南方绍兴一带的黄酒最为著名。目前，黄酒生产主要集中于浙江、江苏、上海、福建、江西和广东、安徽等地，山东、陕西、辽宁等也有少量生产。

黄酒绝大多数色泽金黄或黄中带红，香气浓郁芬芳，口味鲜甜甘美，酒质醇厚，酒精度适中，无刺激性，风格独特，营养丰富，并有健胃明目、活血舒络之功效。黄酒在饮用上具有其特殊方法。人们喜欢把黄酒加温后饮用，在加热过程中可加入少量的姜片、话梅、红糖，还可以放入红枣、当归、茴香、山楂、玫瑰、菊花等来提高口感。黄酒的加热方法比较简单，其一是直接将黄酒和辅料倒入瓷盆中，用小火加热；其二是将黄酒和辅料加入玻璃杯中，然后将玻璃杯放入热水中温烫。无论采用哪种方法，只要将黄酒加温至 30～40℃即可。

黄酒还能与可乐、雪碧等碳酸饮料兑饮，此种饮用方法香甜可口；另外，黄酒亦可与中国白酒兑饮，以增强酒味。

著名的中国黄酒有绍兴酒、山东即墨老酒、福建老酒和福建龙岩沉缸酒，如图 2—16 所示。

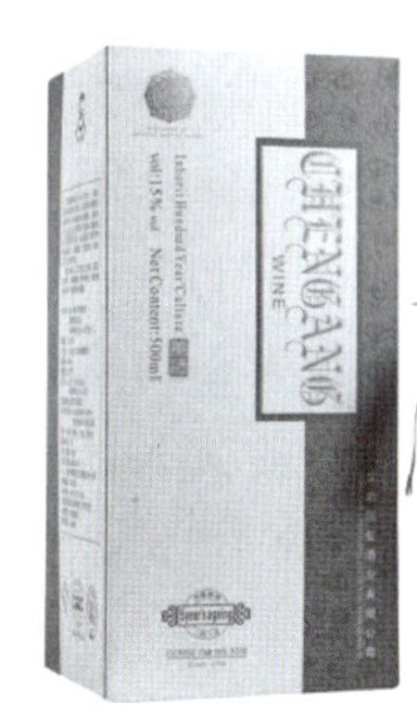

图 2—16　知名黄酒

三、清酒

清酒是日本借鉴中国黄酒的酿造法而发展起来的。据我国史书记载，古时候的日本只有“浊酒”，没有清酒。后来有人在浊酒中加入石炭，使“浊物”沉淀，取清澈的酒液饮用，于是便有了“清酒”之名。

1．清酒的分类

（1）按制法不同分类

1）纯米酿造酒。纯米酿造酒即为纯米酒，仅以米、米曲和水为原料，不外加食用酒精。

2）普通酿造酒。普通酿造酒属于低档的大众清酒，是在原酒液中兑入较多的食用酒精。

3）增酿造酒。增酿造酒是一种浓而甜的清酒。在勾兑时添加了食用酒精、糖类、酸类、氨基酸、盐类等原料调制而成。

4）本酿造酒。本酿造酒属中档清酒，食用酒精加入量低于普通酿造酒。

5）吟酿造酒。制作吟酿造酒时，将酿酒原料——大米表层进行抛光，再用抛光后的剩余部分酿酒。这样做是因为大米表层是由蛋白质组成的，会影响清酒的口感，大量抛光后仅剩米心部分的淀粉，可让清酒的口感达到最佳。吟酿造酒被誉为“清酒之王”。

（2）按口味分类

1）甜口酒。甜口酒为含糖分多、酸度低的酒。

2）辣口酒。辣口酒为含糖分少、酸度高的酒。

3）浓醇酒。浓醇酒为含浸出物及糖分多而口味浓厚的酒。

4）淡丽酒。淡丽酒为含浸出物及糖分少而爽口的酒。

5）高酸味酒。高酸味酒是以酸度高、酸味大为特征的酒。

6）原酒。原酒是制成后不加水稀释的清酒。

7）市售酒。市售酒指原酒加水稀释后装瓶出售的酒。

2．清酒的特点

清酒虽然借鉴了黄酒的酿造法，但却有别于黄酒。清酒色泽呈现淡黄色或无色，清亮透明，芳香宜人，口味醇正，绵柔爽口，其酸、甜、苦、涩、辣诸味协调，酒精含量在15%以上，含多种氨基酸、维生素，是营养丰富的饮料酒。

清酒的制作工艺十分考究。精选的大米要经过磨皮，使大米精白，浸渍时，吸收水分快，而且容易蒸熟；发酵时，又分成前、后发酵两个阶段；杀菌处理在装瓶前、后各进行一次，以确保酒的保质期；勾兑酒液时，注意规格和标准。例如，“松竹梅”清酒的质量标准是：酒精含量为18%，含糖量为35 g/L，含酸量在0.3 g/L以下。

3．清酒的储存

清酒是一种谷物原汁酒，因此不宜久藏，储存期通常为半年至一年。清酒很容易受日光的影响。白色瓶装清酒在日光下直射3 h，其颜色加深3～5倍。

即使库房内散光，长时间的照射对其影响也会很大。所以，清酒应尽可能避光保存，库房内应保持清洁、干燥，同时，要求低温储存。

4．清酒的饮用

（1）酒杯

饮用清酒时，可采用浅平碗、小陶瓷杯和木质专用酒杯，也可选用褐色或青紫色玻璃杯作为杯具。

（2）饮用温度

清酒一般在常温（16℃）下饮用，冬天需温烫后饮用，加温一般至40～50℃。

（3）饮用时间

清酒可作为佐餐酒，也可作为餐后酒。

四、葡萄酒

葡萄酒是破碎的新鲜葡萄果实或葡萄汁经完全或部分发酵后获得酒精度数不低于8.5%的酒。葡萄酒香气怡人、色调优雅，是大自然赐予人类的礼物。

1．葡萄酒的分类

葡萄酒无论从品牌、色泽、产地、含糖量、酿制方法或是包装，都有很多不同之处，分类的方法也有很多，常见的分类方式如下：

（1）按制作方法分类

1）佐餐葡萄酒（Table Wine）。佐餐葡萄酒包括红葡萄酒（Red Wine）、白葡萄酒（White Wine）和玫瑰红葡萄酒（Rose Wine）。其酒精度通常在14°以下。

2）带气葡萄酒（Sparkling Wine）。带气葡萄酒包括香槟葡萄酒和发泡葡萄酒两种。它在发酵过程中添加糖分以产生二氧化碳气体，并使其溶入酒中加以封存而成。从某种意义上说，发泡葡萄酒可以理解为带气的白葡萄酒。

3）强化葡萄酒（Fortified Wine）。强化葡萄酒与其他葡萄酒最大的区别在于酒液发酵的过程中要加入白兰地，使其停止发酵并保留一定的糖分，酒精度通常会达到17°～21°。其中包括雪梨酒（Sherry）、波特酒（Port）和马德拉（Madeira）等。这类酒严格地说不是发酵葡萄酒，应该归类为配制酒。

4）加味葡萄酒（Wromatized Wine）。这类酒的制作过程中通常会加入一些配料，如草药、蜂蜜、香料，还可勾兑其他酒，常见的有味美思、杜本内等。此类酒虽然主要原料为葡萄，但其与众不同之处还是整个配制的过程和餐前饮用的方式，故应将其归为配制酒。

（2）按含糖量分类

只要以葡萄为原料的发酵酒都可以以此来分类。

1）干性（Dry）。每升酒液中含糖量少于 4 g，被称为干葡萄酒。该酒几乎不含任何甜味，只有专业人士和常饮葡萄酒的人方可辨别。

2）半干性（Medium Dry）。每升酒液中含糖量在 4～12 g 之间，被称为半干性葡萄酒。该酒入口后微感甜味，一般饮者稍加留意就可辨别。

3）半甜性（Medium Sweet）。每升酒液中含糖量在 12～50 g 之间，被称为半甜葡萄酒。该酒的含糖量已属较多，常人稍加留意即可辨别。

4）甜性（Sweet）。每升酒液中含糖量大于 50 g，被称为甜性葡萄酒。该酒的甜味已相当明显，任何人都可准确、清晰、快速地辨别。

（3）其他分类

除上述分类方法外，比较常见的还有按产地分类，如新世界葡萄酒、老世界葡萄酒；按颜色分类，如红葡萄酒、白葡萄酒、玫瑰红葡萄酒；按酒体分类，如浓体葡萄酒、淡体葡萄酒；按葡萄品种分类，如赤霞珠葡萄酒、雷司令葡萄酒、莫涅皮诺葡萄酒等。

2．酿造葡萄酒的葡萄品种

据统计，世界上可以用来酿酒的葡萄有 2 000 多种，目前使用的大约有 100 种左右。在这些品种中能酿出世界上顶级葡萄酒的葡萄仅有几种。葡萄是酿制葡萄酒的唯一原料，对酒的风格、类型、口味都起着决定性作用。

（1）酿造红葡萄酒的葡萄品种

酿造红葡萄酒所用的葡萄多为红葡萄和黑葡萄。因为在酿制红葡萄酒的过程中，需要从中获取大量色素，使之可以真正称为“红”葡萄酒。味道酸涩、口感厚重是酿酒用红葡萄的特点。

1）赤霞珠（Cabernet Sauvignon）。赤霞珠是绝对的高贵黑葡萄品种，世界上多数的顶级葡萄酒都用此葡萄为原料，堪称红色酿酒用葡萄的一国之君。它是一种多用途的酿酒用葡萄，可以与其他很多种红葡萄品种搭配来酿酒，如果单一使用则效果最好。用它酿出的葡萄酒酒体强劲、深厚且极为丰满，味道醇厚，色泽深沉，酒香以黑加仑、黑樱桃和李子等香气为主，特性极强，容易辨认。但单一用它酿制的葡萄酒在酿成初期口感青涩、味道不佳，待放置较长一段时间令其陈酿后，才会进入适饮期。用赤霞珠葡萄酿制的红葡萄酒含有大量的单宁酸，一般可以长时间保存，少数顶级品牌可轻易陈酿二三十年，甚至五十年，随着时间的推移，味道也会变得细腻典雅。

2）梅洛（Melot）。梅洛拥有丰满的、余韵悠长的黑莓、樱桃和其他黑色水果的风味。它也是世界上种植面积最为广泛的酿酒用黑葡萄品种。它成熟期早，颜色适中，口感鲜嫩且多产，在较凉的地方长势会更好。有世界价格最贵葡萄之称的柏翠酒庄，主要就是选用梅洛葡萄制成葡萄酒的。相对于赤霞珠而言，它的单宁酸含量低，酸度通常也较低，且雨水过多时容易腐烂，所以酿造出的葡萄酒纯熟期较短，口感更加圆润浓郁、柔和芳香、顺滑、层次丰富，是公认的赤霞珠的最佳搭档。由于梅洛易于饮用，已成为时尚女性饮用葡萄酒的首选。

3）黑皮诺（Pinot Noir）。黑皮诺是最古老的酿酒葡萄品种之一，其历史可追溯到两千年前。它是公认最好的酿酒用葡萄品种，在各国被广泛种植。它成熟早、易腐烂、单宁含量低、果皮颜色淡而薄且产量不高，比较适合在排水性能良好的白垩土和黏土以及凉爽的气候下生长。由于黑皮诺对土壤、气候极为敏感，克隆品种变化多样，密实的果穗和薄薄的果皮使它极易受到病害侵袭，所以酿酒师们一致认为它的发酵管理最为困难，也是公认最难栽培的葡萄品种。用它配制的葡萄酒充满类似紫罗兰、玫瑰、草莓及樱桃的香气，味道细腻、丰富，同时可储存较长时间。黑皮诺也是酿造香槟的主要品种之一。在法国勃艮第地区种植的黑皮诺质量最佳。

4）希拉（Syrah）。希拉原产于法国隆河谷地区，用于红葡萄酒的酿制，但在澳大利亚它还可以用来配制气泡葡萄酒和加强葡萄酒，故地位很高，现已成为澳大利亚的骄傲，又称为设拉子（Shiarz）和赫米特兹（Hermitage）。它是一种晚熟品种，色泽深暗，特别适合长久储藏，也常与其他葡萄混合调配用于酿酒。它适合温暖的土质，如花岗岩土壤中。用它酿制的葡萄酒质地稠密、刚劲有力，属浓烈性葡萄酒，口感较为强烈、耐久、绵长，常带用桑葚果香、杉木清香和胡椒味，并有混合香料味道。初酿成时，单宁含量较高，待存放至少 3 年以上后，配食物饮用时味道可达到最佳。

5）佳美（Gamay）。佳美是法国勃艮第地区最为重要的酿酒用葡萄品种，尤以博若莱地区的佳美长势最好，至于美国加利福尼亚州的佳美 · 博若莱则是黑皮诺的一种，并非真正的佳美葡萄。佳美葡萄发芽早、长势好、产量高，特别适合在雨季早、气温高的地区种植，但不适合在易发霜冻的地区种植，同时它也很容易受霉菌和葡萄孢菌的侵害。用佳美葡萄在博若莱地区酿制出的葡萄酒装瓶早，一般适合趁鲜饮用。它酒体清淡、清新爽口，富含浓郁的水果香味，尤以梨香味最为突出，其间还夹杂着草莓或紫莓的味道，属于短期内即可饮用的酒。人们在饮佳美葡萄酒时，通常只注意酒的刺激性，而非酒质的好坏。

6）仙粉黛（Zinfandel）。仙粉黛是美国特有的葡萄品种。1850 年左右开始在加利福尼亚州种植，并很快成为 19 世纪末加利福尼亚州第一个葡萄酒繁荣时期最广泛应用的葡萄品种。它是一种黑色酿酒葡萄品种，虽然不像黑皮诺那样对环境极为挑剔，但对气候和产地也很敏感，在炎热的气候下容易变成葡萄干，且会产生过多的其他物质。因此，只在加利福尼亚州有商业性栽种，是加利福尼亚州自己的葡萄品种。用它酿制的葡萄酒，既有白葡萄酒或玫瑰红葡萄酒的清冽和优雅，又有红葡萄酒的醇厚和微涩，并自始至终带有其本身特有的黑莓或紫莓等果浆的味道，还会伴有一股香辛的气息。色泽通常为淡粉红色；酒味清冽且富含单宁酸；酒体有的清淡，有的厚重味甜。用仙粉黛酿制的葡萄酒在陈酿 5 年左右时味道最好。

7）品丽珠（Cabernet Franc）。品丽珠作为赤霞珠的近亲，其习性与之差别不大，易于管理，长势良好，且产量很高，但与赤霞珠相比易受霉菌的侵蚀。该品种的原产地一般视为法国波尔多地区，但在法国其他一些地区和美国的东部以及西部的一些州也有种植。在法国波尔多地区，它常与赤霞珠和梅洛混合酿制优秀的葡萄酒。

（2）酿造白葡萄酒的葡萄品种

配制白葡萄酒所用的葡萄多为白葡萄和青葡萄，由于这类葡萄的果皮不具备应有的色泽，所以是不能用于酿制“红”葡萄酒的。果香浓郁、芳香是酿酒用白葡萄的特点。

1）莎当妮（Chardonnay）。莎当妮对气候有很强的适应性，早熟、耐寒、生长旺盛、易于种植、多产都是它的优点，使其成为较寒冷地区的首选品种。但它对霉菌和葡萄孢菌较为敏感，且果穗易腐烂。莎当妮果香浓郁、品质细腻，不但可以酿造出世界上最好的白葡萄酒，而且还是酿造香槟酒最好且特定的品种，以至于有人将它称为“香槟葡萄”，是当之无愧的“白葡萄之王”。用其酿制的白葡萄有的属干性，酒味清淡，带着清新的苹果味；有的属中性，味道醇厚，带有黄油的味道，这要取决于不同的酿制方法。但无论采用怎样的酿制方法，莎当妮葡萄酒都需在橡木桶中陈酿，以获得大自然的气息。

2）雷司令（Riesling）。雷司令和莎当妮是人们谈论白葡萄酒时提及频率最高的两种葡萄，也是德国人引以自豪的葡萄品种。雷司令是一种晚熟白葡萄品种，其坚硬的树枝能使葡萄树抵御霜降。这种葡萄在德国以外很多地区长势也很好，如法国、美国、中国等地。用雷司令酿制的葡萄酒酒精含量略低，酸度较高。与莎当妮葡萄酒相比，由于雷司令的高酸度使得酒的浓烈味降低，故而口味更加清淡、沁人心脾，散发出特有的果实清香和花的芳香。

3）赛美蓉（Semilon）。赛美蓉原产于法国波多尔地区，但在智利的种植面积最为广泛，以生产贵腐葡萄酒而著称。它颗粒小、糖分高、易氧化，适合在温和性气候下生长。由于赛美蓉葡萄主要用来做配料，常充当“第二小提琴手”，故市场上很少见到印有赛美蓉字样的葡萄酒。但用赛美蓉酿成的顶级葡萄却可经数十年陈酿后口感仍甜而不腻、厚重醇香。赛美蓉葡萄的酸度较低，有的含羊毛脂气味，更多的是含一种微妙而诱人的香气。

4）白诗南（Chenin Blanc）。白诗南是上等的白葡萄品种，原产于法国卢瓦尔谷，可用于酿制干邑、气泡葡萄酒、佐餐葡萄酒或极甜的白葡萄酒，应该说是葡萄家族中的多面手。最好的白诗南酸度高，需要大量的阳光才能成熟，且越成熟味道越好。成熟后的白诗南质地柔润、皮薄、含糖量高，其中不乏有传奇般品质的。用白诗南酿制的葡萄酒从干性到甜性均有，有一种鲜桃和青草的芳香，经过陈酿后的酒液呈现深棕黄色，可存放50年甚至更长的时间。

5）长相思（Suvignon Blanc）。长相思原产于法国，在美国、欧洲等地也有广泛种植，是酿酒用葡萄中绝对的贵族。无论是它的品质、所酿出的葡萄酒的质量，还是受喜爱的程度，都丝毫不逊色于任何一种白葡萄品种。它产量很高，且葡萄树的生长尤为茂盛，通常在仲秋时节成熟，待到完全成熟后采摘。早摘的长相思酿出的葡萄酒有强烈的芳香，很容易辨别，有绿草和醋栗味道。长相思比莎当妮葡萄的酸度要高一些，用它酿制的酒从干性到半甜不等，且酒体清淡，通常呈干性，有一种药草的气息，期间还夹杂着胡椒的香气。在加利福尼亚州有一种很出名的白葡萄酒——白富美（Fume Blanc）就是用长相思酿制的杰作。

6）麝香（Muscat）。麝香葡萄是酿酒葡萄中毫无争议的大家族，其中包括白麝香（Muscat Blanc）、莫萨托（Muscato）、莫萨代尔（Muscadelle）以及亚历山大麝香。要辨别这些白葡萄品种的“血缘关系”很简单，只要通它独特的、极易辨别的辛香、麝香、松树的香气和香料的香味就可以分清。

7）白皮诺（Pinot Blanc）。白皮诺是上等品种的黑皮诺的白色变体，它成熟早且产量低，就竞争力而言逊色于莎当娜，但在法国、意大利、德国、奥地利、美国和其他许多地区都有广泛种植。在德国，白皮诺被称为白勃根达（Weissburgunder），在意大利则被称为比安科皮诺（Pinot Bianco）或德巴尔巴皮特（Pint d’Alba）。用白皮诺酿制的葡萄酒口味强劲，具有芳香的果味，酸度极高，所以需要窖藏一段时间才能饮用。除酿造佐餐葡萄酒以外，它还用作很多气泡葡萄酒的配料。

除上述介绍的酿酒用葡萄外，在葡萄的生长过程中还可能形成另一种特殊类型的葡萄——贵腐葡萄。如果在气候足够温暖潮湿的秋季，留在树上的葡萄可能被贵腐菌或称为贵族菌的真菌所感染。感染后的葡萄干瘪枯萎，腐烂发霉，果汁浓缩，甜味也会更加集中，人们称这种过期的发霉现象为“高贵的腐败”，简称“贵腐”，用这种葡萄酿制的葡萄酒就称为贵腐葡萄酒，以甜性的餐后葡萄酒为主。

知识链接

法国矛盾

1989 年，世界卫生组织（WHO）世界心血管疾病控制系统——“莫尼卡项目”的流行病学调查发现，法国人爱吃奶酪、鹅肝、黄油、牛排，这些都是高脂肪、高蛋白、高热量的食品，但法国的肥胖人口却只有 10%，而英国高达 22%，美国高达 33%。法国人的冠心病发病率和死亡率比其他西方国家，尤其是比英国人和美国人要低得多，其标准人群（35～64 岁）中冠心病的死亡率男性约为英国的 1/2，为美国的 1/4；女性约为英国的 1/3，为美国的 1/4。这一奇怪现象被科学家们称为“法国矛盾”。后经过研究证明，这种现象与法国人喜欢饮用葡萄酒，尤其是饮用红葡萄酒有密切关系。法国人每年人均饮用葡萄酒 78 L，平均每人每星期就要喝掉两瓶葡萄酒，而美国人每年人均饮用量仅为 8 L。同样，在意大利、葡萄牙等葡萄酒消费量较高的国家，患冠心病死亡的人数均低于其他国家，更有力地证明了葡萄酒有软化血管及延缓或防治此类病状发生的功效。难怪法国医生在为病人开处方时，都不忘记在最后写上“配一杯红葡萄酒服用”的字样。

3．佐餐葡萄酒的著名产地及品牌

世界主要葡萄酒生产国有法国、意大利、西班牙、葡萄牙、德国、智利、美国、中国、阿根廷、澳大利亚等，品牌更是数不胜数。在划分种类时，常按产地所在的各大洲板块划分，但业内专业人士更习惯将其分为“老世界”和“新世界”两类。

（1）法国

法国是“葡萄酒王国”，所酿制的葡萄酒质量被世人所认同。它变化万千的地质特点、得天独厚的温和气候，都为葡萄的生长提供了最有利的条件；再加上传统与现代并用的酿酒技术，以及严格的品质管理系统，成就了法国获得这样的美誉。法国酿制出的葡萄酒气味醇香，口味厚重、协调，适宜长期保存，是世界葡萄酒中绝对的上品。

法国隶属欧洲共同体（简称“欧共体”，EEC）。依据欧共体的规定，将葡萄酒分为两大类：日常餐酒（Vine de Table）和特定地区葡萄酒（VQPRD）。而法国则将这两大类各分为两个小的等级，按品质高低分为原产地监制葡萄酒（AOC），优质葡萄（VDQS），地区餐酒（Vin de Pays）和日常餐酒（Vin de Table）4 类。其中，AOC 葡萄酒的品质最佳，Vin de Table 的品质最低。

法国葡萄酒共有 6 大著名产区，且各有特点。6 大产区分别是：

1）波尔多。波尔多产区的葡萄酒被世人誉为葡萄酒之王，已成为顶级法国葡萄酒的代名词。波尔多位于法国西南部，产区内又分为著名的5个产区：梅多克、格拉夫、苏太尼斯、圣·艾米雍和波默洛尔，以酿制的红葡萄酒最为出名，白葡萄酒的品质也颇高。

2）勃艮第。勃艮第产区位于法国东部，名气仅次于波尔多，种植面积却要比波尔多小许多，以生产顶级红、白葡萄酒而闻名于世。勃艮第下分三大产区：夏布丽、南勃艮第和科多尔。其中马孔和博若莱两个著名的葡萄酒产地，以盛产顶级的白葡萄酒闻名于世。

3）隆河谷。隆河谷位于法国东南部，有3大产区：科·罗迪、荷米提基和教皇新堡。生产出的酒有红有白，有甜有干，甚至还有葡萄汽酒，品种较为齐全。

4）普罗旺斯。普罗旺斯坐落在法国东南部，紧邻地中海，是法国最早的葡萄种植园。该地区出产的玫瑰红葡萄酒最为出名，但也盛产葡萄酒。由于当地气温较高，生长出的葡萄含糖量也较高，故所产葡萄酒的酒精含量比北方的葡萄酒要高出2%。

5）卢瓦尔。卢瓦尔位于法国西部卢瓦河流域，有“法国花园”之美誉，是法国面积最广的产酒区，同时卢瓦尔河又是法国最长的河流。此地区所产的葡萄酒大部分都用地区或村庄来命名，小型产区若干，大致可分为安若和图雷纳两个地区。卢瓦尔主要出产白葡萄酒和玫瑰红葡萄酒，最为著名的一款酒名为普依夫梅。

6）阿尔萨斯。阿尔萨斯位于法国东北部，与德国仅隔一条莱茵河，由于历史原因曾多次为德国领土，所以，生产出的葡萄酒与德国葡萄酒也十分相似。阿尔萨斯是法国唯一用葡萄品种命名的葡萄酒主要产区，主要生产白葡萄酒。按法国的原产地法则规定，阿尔萨斯任何用特定品种命名的酒必须100%采用这种葡萄来酿造。

比较著名的法国葡萄酒品牌有波尔多（Bordeaux）（见图2—17）、普依夫梅（Pouilly Fume）（见图2—18）所示。

图2-17　波尔多葡萄酒

图2—18　普依夫梅葡萄酒

（2）德国

德国是世界著名的葡萄酒生产国。虽然种植面积、产量和品牌种类均不如法国，但质量却不俗，尤其是白葡萄酒，被公认为世界上最好的白葡萄酒，产量约占德国葡萄酒总产量的87%。另外，还生产有酿制方法独特的冰酒。德国葡萄酒主要产自莱茵河和摩舍河两岸，所产葡萄酒单从瓶型上便可看出与法国产葡萄酒有所不同。法国葡萄酒酒瓶多有一段短而细的颈部，然后呈现弧状弯出后垂直向下，瓶身较粗壮；德国葡萄酒瓶身瘦长，呈圆锥形。

1971 年 7 月 14 日，德国葡萄酒法正式颁布施行，这也是德国第五次颁布葡萄酒法规，使德国成为世界上葡萄酒生产管理最为严格的国家之一。该法规将葡萄酒分为普通葡萄酒（Tafelwein）和佳酿葡萄酒（Landwein）两大类。其中，后者又分为优质佳酿葡萄酒（QBA）和带头衔的优质佳酿葡萄酒（QmP）两个等级。其中 QmP 又按采摘葡萄的方法和时机分为正常葡萄、晚摘葡萄、精选葡萄、浆果葡萄、干浆葡萄和冰冻葡萄 6 种。

德国的葡萄产区有 13 个，且以酿制白葡萄酒为主，可归为 3 大产区：莱茵区、摩舍尔和范刚尼亚。

比较著名的德国葡萄酒品牌有蓝仙姑（Blun Nun）（见图 2—19）、碧洛德白金（Pieroth）（见图 2—20）、摩舍尔（Moselle）。

图 2—19　蓝仙姑

图 2—20　碧洛德白金

（3）意大利

意大利是世界上最大的葡萄酒生产国和出口国，其年产量约为 50 亿升，出口到 70 多个国家，已接近全球葡萄国年产量的 1/5。意大利葡萄酒不仅在产量上值得骄傲，品质也相当高。意大利葡萄酒驰名于世的原因归纳有三：一是酿酒用葡萄品种众多，天然条件适宜，同时葡萄酒的品种也极为丰富；二是所产葡萄酒质量高，长期保持稳定，且价格低廉；三是有严格的监管制度。

意大利的葡萄酒分级制度在 1963 年颁布实施，1992 年 1 月重新修订，其中的形式和内容多少有些法国葡萄酒制度的影子。此制度共将意大利葡萄酒分为

4 个等级。其中，原产地监制保证葡萄酒（DOCG）和原产地监制葡萄酒（DOC）是针对特定产区出产的优质葡萄酒，地区餐酒（IGT）和日常餐酒（VDT）则是面向普通葡萄酒制定的。

1）DOCG。DOCG 是意大利葡萄酒等级制中最高的，也是质量最好的，目前只有 13 个产区获此殊荣。此类酒在酒标上有政府的封印，从生产储存到运输销售均由政府部门严格控制。

2）DOC。DOC 的等级和质量仅次于 DOCG，数百个葡萄酒产区都属于这一等级，此等级的葡萄园须向林业部门提出申请，以证明产品符合规定，并注册登记。

3）IGT。IGT 相当于法国的 Vin de Pays 或德国的 Landwein。这类级别的葡萄酒在意大利并不多见，认知度普遍不高。

4）VDT。VDT 虽然是等级制中最低一级的葡萄酒，但也不乏品质不俗的品牌，只是因为某些条件不符合 DOC 的要求，所以只能以 VDT 等级出售。

比较著名的意大利葡萄酒品牌有艾格尼科、阿玛罗尼、巴罗洛、经典基安帝等。

（4）美国

美国葡萄酒产区虽然不少，但真正具有规模只有加利福尼亚州、俄勒冈州、纽约州、华盛顿州和德克萨斯州等地区。其中，最具盛名的加利福尼亚州就占了美国葡萄酒总产量的 80%，纳帕谷和索诺玛这两个加利福尼亚州最重要的产区更是备受瞩目。美国所酿的葡萄酒虽说质量参差不齐，但也颇有些波尔多酒的味道，如酒体厚重、强劲和单宁酸强等特点，已受到越来越多专业人士的好评。

比较著名的美国葡萄酒品牌有花旗参葡萄酒、加州乐事葡萄酒（见图 2—21）。

（5）澳大利亚

澳大利亚酿制葡萄酒只有 200 多年的历史，拥有葡萄酒厂 500 多家。澳大利亚的多数地区因气候温暖干燥，故产出的葡萄糖分高而酸度低、口味平淡，但这恰好顺应了现代人的口味；再加之澳大利亚的葡萄酒以平实的价格供应全球市场，使得澳大利亚葡萄酒受到普遍的关注和接受。

澳大利亚葡萄酒的分类与美国相似，共分为两类：一类是附属类葡萄酒；另一类较为高级，是用葡萄品种命名的。澳大利亚有三个主葡萄酒产区：新南威尔士、维多利亚和南澳大利亚。其中南澳大利亚产区最为出名，已成为澳大利亚葡萄酒的代表。

比较著名的澳大利亚葡萄酒品牌有设拉子（见图 2—22）和加本特·颂维翁。

图 2—21　加州乐事葡萄酒

图 2—22　设拉子

（6）智利

智利葡萄酒也有着相当长的历史，早在 450 多年前，智利就开始生产葡萄酒。酿酒用的葡萄主要产自智利中部，这里是全世界最适合葡萄生长的地区之一，葡萄的种植技术则源于欧洲。智利葡萄酒在世界占有一席之地有一个重要的原因，就是令各国都为之羡慕的气候环境和独特的地形。干燥的气候再加之封闭的地形，使粉孢菌、根瘤蚜虫病等令全球葡萄种植者都为之头痛的病虫害在此无法生存。在智利，葡萄的种植与北半球正好相反，葡萄第一次开花一般在 9 月的第一个星期，而收获通常在第二年的 3 月初，并一直持续到 4 月的第一周或第二周。

智利有 3 大葡萄种植区：其中最大的地区在南部，主要生产红葡萄酒，也生产少量的白葡萄酒，这里大量种植着一种名为派斯（Pais）的葡萄品种，在当地被称美绅（Mission）葡萄；另一个产区在中央河谷，也是智利最重要的葡萄种植区，气候与法国波尔多地区极为相似，是种植优质葡萄的摇篮；最后一个产区则是在智利的最北端，酿成的葡萄酒酒精含量高，常用作智利强化葡萄酒和白兰地酒的基酒。

比较著名的智利葡萄酒品牌有大玛雅和普埃洛。

（7）南非

随着 300 年前荷兰人的定居，南非引入了欧洲葡萄，也就开始了酿制葡萄酒的历史。1918 年，南非政府为了改变因生产过量而造成葡萄酒质量差的情况，建立了非政府组织南非酒业联合协会（KWV），用以规范葡萄的种植和葡萄酒的生产，为南非葡萄酒恢复声誉奠定了基础。到了 1972 年，南非政府实行了产地命名制（WO），南非葡萄酒才又重新获得了世人的尊重。南非的葡萄酒产量相当高，居世界第八位，但只有 20% 供出口，且多销往英国。

南非现有 10 个产区且各有下一级较小的分区。其中，最主要的葡萄酒产区有 4 个：斯泰伦博斯、帕尔、康斯坦斯和德班镇。另外，还有一个主要产区是费朗斯胡克谷，因属于帕尔的分区，故未归于其中。在这 4 个主要产区中，斯泰伦博斯和帕尔最为出名。

比较著名的南非葡萄酒品牌有品乐塔基。

4．香槟酒及气泡葡萄酒

香槟酒是气泡葡萄酒中的一小类。但依据国际法例规定，只有在法国香槟区采用“香槟酿造法”酿制的葡萄气泡酒才能称为香槟酒（Champagne），其他地区和国家生产的气泡葡萄酒无论葡萄质量如何上乘、制作工艺如何高超、品质如何优异，只要不符合上述要求的都不能称为香槟酒，而只能称为气泡葡萄酒。这一法规极为严格，甚至于香槟区以外的法国葡萄种植园生产的气泡葡萄酒都只能叫做葡萄气酒（Vin Mousseax），不可冠以香槟一名。

5．苹果酒（西打酒）

苹果酒为低度酒，含有较丰富的营养，适量饮用可舒筋活络，促进身体健康。根据加工方法和产品的特点，可将苹果酒分为发酵苹果酒、汽酒和露酒几种。发酵苹果酒是用苹果汁发酵菌发酵酿制而成；汽酒是含有二氧化碳的苹果酒，又称发泡酒；露酒一般是用食用酒精浸泡果实或与果汁配制而成的。

第二节　蒸馏酒

蒸馏酒又称为烈性酒，是以糖类、淀粉、发酵酒为原料，通过蒸馏的方法获得的一种酒精度较高的酒。

蒸馏酒的酿制过程分为谷物处理、碾磨、捣碎、发酵、蒸馏和陈酿。

一、蒸馏酒的分类

蒸馏酒按生产原料可分为以下三类：

1．谷类，如威士忌、金酒、伏特加、中国白酒。

2．水果类，如白兰地。

3．植物类及其他，如朗姆酒、特基拉。

二、常见的蒸馏酒

酒吧常见的蒸馏酒主要有金酒、朗姆酒、特基拉酒、伏特加、威士忌、白兰地及中国白酒。除中国白酒外，其他酒经常被用于调制鸡尾酒的基酒，影响着鸡尾酒的基本口味特征。

1．金酒（Gin）

金酒又称杜松子酒，产于荷兰，由荷兰莱顿大学希尔维斯和修文两位教授在 1660 年发明，后来酒的配方传至英国，在英国大量生产。当时的金酒是用谷物酿制的烧酒作为基酒，然后用杜松子加香，再加以芫荽和其他香药草作为加味物质的一种烈酒。如今，金酒把经过多次蒸馏和精馏的酒精作为基酒。

（1）金酒的特点

金酒是经过发酵、蒸馏得到的烈性酒。蒸馏时的酒精度在 90°～95° 之间，然后经过加水和调配将酒变成无色透明，酒精度在 35°～47 °之间。大多数金酒的酒精度约为 40%。金酒最大的特点是它的香气能使人为之一振，并且有放松和愉悦之感。不同地方酿造的金酒又具有不同的特点。

1）荷兰金酒的特点。荷兰金酒以大麦为主要原料，酒味清香，香料味浓重，辣中带甜，酒精度在 35°～45° ，主要适于纯饮（净饮）。荷兰金酒标签上注明“Jonge”就是意为新酒，“Oulde”意为陈酒，“ZeetOulde”意为陈酿。

2）伦敦干金的特点。伦敦干金是以玉米为主要原料（比例为 75%），再配以其他谷物，通过连续蒸馏方式得到的烈性酒。它口味清淡，容易被人们接受，主要用于纯饮（净饮）和充当鸡尾酒的基酒。

（2）金酒的饮用方法

1）净饮。将金酒倒入直饮杯中。

2）加冰饮用。将金酒倒入古典杯中加冰、柠檬饮用。

3）混合饮用。可与冰镇的汤力水、苏打水等混合加冰饮用。

4）制作鸡尾酒。可配以其他烈性酒或各种果汁类饮料制成鸡尾酒。

（3）金酒代表品牌

1）哥顿（Gordon's）。哥顿金酒（见图 2—23）又称狗头金酒，产于英国，以酒厂名命名。该酒酒精度为 47.3° ，每瓶容量为 750 mL，主要原料是胡椒和柑橘皮。

2）必富达（Beefeater）。必富达金酒（见图 2—24）又称御林军金酒，产于英国杰姆斯·巴沃公司。该酒酒精度为 47° ，每瓶容量为 750 mL。Beefeater 的原意是“驻守伦敦塔的卫兵”。著名的鸡尾酒“新加坡司令”就是以该酒为基酒调制而成的。

图 2—23 哥顿金酒　　图 2—24 必富达金酒

3）钻石（Gilbey's）。钻石金酒每瓶容量为 720 mL，酒精度为 40° 。该酒与哥顿、必富达、施格兰（只限在英国本公司生产）及拉利俄斯（西班牙）并列为金酒的五大名牌。

4）施格兰（Seagram's）。施格兰金酒由美国施格兰公司发售，每瓶容量为 750 mL，是美国金酒的第一品牌。

2．朗姆酒（Run）

朗姆酒在 1600 年诞生于加勒比海小岛，是以甘蔗为原料生产的一种蒸馏酒。马达加斯加、毛里求斯、菲律宾和其他热带地区的朗姆酒品质优良，但最好的还是朗姆酒的诞生地——加勒比海群岛地区的产品。

（1）朗姆酒的分类

1）按颜色分类

①无色朗姆酒（Silver Rum）。酒味清淡。

②金黄色朗姆酒（Goldcn Rum）。酒味柔和，稍甜，有芳香味。

③琥珀色朗姆酒（Dark Rum）。酒味浓郁。

2）按味道分类

①清淡型（Light）。无色，味道清淡，可作为鸡尾酒原料。

②浓烈型（Heavy）。气味芬芳，呈深褐色，在焦黑的橡木桶存放数年，是最具有独特风味的朗姆酒。该酒多数产自牙买加。

③芳香型（Flavored）。金黄色，经过短时间的橡木桶储存，有蜜糖和橡木桶的香味，它通常由清淡型朗姆酒和浓烈型朗姆酒勾兑而成。

（2）朗姆酒的储藏

朗姆酒与金酒、伏特加酒和特基拉酒一样，都属于性质很稳定的酒类，不受震动或室温变化的影响，不论开瓶与否，品质几乎不变。

（3）朗姆酒的饮用方法

1）净饮（纯饮）。将 1 oz（约 28 mL）的朗姆酒倒入古典杯中，加入一片柠檬片饮用。

2）加冰饮用。将 1 oz（约 28 mL）的朗姆酒倒入古典杯中加冰饮用。

3）混合饮用。可与冰镇的菠萝汁混合加冰饮用。

4）调制鸡尾酒。可配以其他烈性酒或各种果汁类饮料制成鸡尾酒。

（4）朗姆酒代表品牌

1）百加得（Bacardi）。百加得朗姆酒（见图 2—25）产自牙买加。该公司的朗姆酒特色定位为无色、无杂质和口味清淡柔和。百加得金黄色朗姆酒的酒精度为 40°，带有浓郁的芳香，口感柔滑。

2）摩根船长（Captain Morgon）。摩根船长朗姆酒（见图 2—26）产自牙买加，酒名取自于海盗船船长亨利·摩根。该酒分无色清淡型、金黄芳香型和深褐色（琥珀色）浓烈型 3 种，酒精度为 40° 。

3）美雅士（Myers's）。美雅士朗姆酒（见图 2—27）产自牙买加，以公司名命名。此酒是将牙买加的黑朗姆酒装入橡木桶，运至英国，再储存 5～8 年，然后与浓果汁混合制成，酒液呈深褐色，芳香甘醇，酒精度为 40° 。

图 2—25　百加得朗姆酒

图 2—26　摩根船长朗姆酒

图 2—27　美雅士朗姆酒

4）克雷曼（Clement）。克雷曼朗姆酒产自法属西印度洋群岛之一的马提尼克岛，以公司名命名。此酒分为 40°～45° 的无色朗姆酒和 42°～44° 的金黄色芳香型朗姆酒。

3．特基拉酒（Tequila）（龙舌兰酒）

特基拉酒产自墨西哥的一个小城市周围，是一种以龙舌兰为原料、酒精度在 38°～44° 的蒸馏酒。

（1）特基拉酒的分类

1）无色特基拉酒。无色特基拉酒是在蒸馏和过滤后装瓶存放的，酒液清亮透明、口感清冽。

2）金黄色特基拉酒。金黄色特基拉酒需要在橡木桶中陈酿 1～3 年，酒液呈橡木色，有烟味。

(2) 特基拉酒的储藏

特基拉酒与其他清澈或白色或无色的烈酒一样，没必要冷藏饮用。无论开瓶与否，特基拉酒的存放期都很长，也不怕太阳照射。

(3) 特基拉酒的饮用方法

1) 加冰饮用。将 1 oz（约 28 mL）的特基拉酒倒入古典杯中，加入 3 块冰，一片鲜柠檬片，再将一小撮儿盐放入酒液中，搅拌均匀后饮用。

2) 混合饮用。可与菠萝汁、橙汁或雪碧混合在一起，经搅拌饮用。

3) 制作鸡尾酒。如玛格丽特、特基拉日出等。

知识链接

最富激情的饮用——特基拉碰

第一步：将一只手的虎口处用鲜柠檬汁均匀擦拭，在擦拭部位洒上一小撮儿盐。

第二步：将 1 oz（约 28 mL）的特基拉酒倒入古典杯中。

第三步：准备一个杯垫、一听雪碧、一片鲜柠檬片和一块厚的棉布。

第四步：将雪碧注入古典杯至七成满。

第五步：将虎口上的盐舔舐一下，同时咬一口准备好的柠檬角。

第六步：用杯垫盖住古典杯，手紧握杯子，用力往棉布上砸几下，至杯中出现泡沫。

第七步：在泡沫出现后、消失前迅速将其喝下。

特基拉碰饮用过程虽然烦琐，但最能直接感受到特基拉酒的独特之处，而且能很快营造出聚会的气氛，非常受年轻人的青睐，也是墨西哥人惯用的饮用方法。

(4) 特基拉酒代表品牌

常见的特基拉酒有以下品牌：凯不弗（Cuervo）（见图 2—28）、斗牛士（EL.Toro）、海拉杜拉（Herradura）（见图 2—29）、欧雷（Ole）、玛丽亚西（Marichi）、索查（Sauza）（见图 2—30）、道梅科（Domecq）、奥美加（Olmaca）。

4．伏特加（Vodka）

伏特加酒的酒精度为 30°～50°。它以无杂味、无臭、不甜、不涩而著名，也有一些伏特加配以药草或浆果以增加其味道和颜色。

俄罗斯伏特加的原料主要有大麦、小麦、燕麦、马铃薯等。而波兰伏特加的原料除大麦、小麦、燕麦、马铃薯外，还加入了很多香料，如一些草卉、植物、根茎、皮、果实调香原料等。

图 2—28　凯不弗特基拉酒

图 2—29　海拉杜拉特基拉酒

图 2—30　索查特基拉酒

伏特加一般不需要陈酿，但波兰伏特加至少要在木桶中陈酿 5 年。

（1）伏特加的分类

1）中性伏特加。中性伏特加为无色液体，除了酒精气味外，无其他气味和味道，是伏特加酒中的最主要产品。

2）加香伏特加。在橡木桶中储藏或浸泡过的花卉、药草、水果，有时也加糖。俄联邦法（1992 年）规定加味加香的伏特加装瓶时，酒精度不得低于 60°（按容积算，酒精含量为 30%），所添加的物质必须在酒标上列出，如柠檬伏特加、樱桃伏特加、巴法罗草伏特加、红胡椒伏特加、胡桃伏特加等。

（2）伏特加的储藏

由于伏特加的酒精含量很高，所以，佳酿伏特加在冰箱储藏时不但不会结冰，还会使其口感更加醇厚。

（3）伏特加的饮用方法

1）净饮（纯饮）。将 1 oz（约 28 mL）的伏特加倒入烈酒杯中，加入一片柠檬片饮用。

2）加冰饮用。将 1 oz（约 28 mL）的伏特加倒入古典杯中，加入 3 块冰、一片柠檬片饮用。

3）混合饮用。在海波杯中倒入 1 oz（约 28 mL）的伏特加，然后加注番茄汁饮用。

4）制作鸡尾酒。可配以其他烈性酒或各种果汁类饮料制成鸡尾酒。

（4）伏特加代表品牌

1）莫斯科伏斯卡亚（Moskovskaya）。莫斯科伏斯卡亚伏特加酒（见图 2—31）又名绿牌伏特加，由俄罗斯莫斯科市酿酒厂出品，是俄罗斯中性伏特加酒的代表产品，酒精度为 40°。

2）斯米诺夫（Smirnoff）。斯米诺夫伏特加酒又称皇冠伏特加，产自美国。此酒有多种酒精度，其中以 40° 和 50° 的中性伏特加酒最受人们欢迎。

3）巴尔帝克（Baltic）。巴尔帝克伏特加酒（见图 2—32）由波兰波兹南市波尔摩酿造厂生产，以 100% 的马铃薯为原料，酒精度为 40°，属于中性伏特加酒。巴尔帝克伏特加酒在 1973 年和 1982 年的世界伏特加酒评比中分别获得了金牌和银牌。

图 2—31　莫斯科伏斯卡亚伏特加

图 2—32　巴尔帝克伏特加

4）利蒙那亚（Limonnaya）。利蒙那亚伏特加酒由俄罗斯生产，其中以酒精度为 40°、浅橘色的伏特加酒最为著名。此酒辣中带甜，并且有柠檬的清香味。

5）奥兹卓卡（Orzechowka）。奥兹卓卡伏特加酒产于波兰，酒中勾兑了胡桃提炼物，颜色为深褐色，酒精度为 45°。

6）贝尔兹夫卡（Pertsovka）。贝尔兹夫卡伏特加酒是乌克兰产品，酒中浸入了红辣椒或辣椒粉，因此饮后给人以浓烈的刺激，适用于寒冷的地方，其中以 35° 的红色酒液最出名。

7）兹伯诺卡（Zubrowka）。兹伯诺卡伏特加酒产于波兰，酒液呈现淡绿色，酒精度 40° 和 50° 两种。

8）奥博瑟露（Absolut）（见图 2—33）。奥博瑟露伏特加酒于 1879 年产于瑞典，1979 年引进美国。该酒是用小麦酿造的。

9）芬兰（Finlandia）。芬兰伏特加酒（见图 2—34）产于芬兰，1888 年第一次生产，1970 年引进美国。其独特的酒瓶是由芬兰最著名的设计师设计的，酒瓶表面刻有花纹，酒标上画着 3 只驯鹿奔跑的样子，并且在鹿的头上高悬着拉普兰地区午夜的红太阳。

5．白兰地（Brandy）

白兰地一词源于荷兰语“brandwinjin”。对于白兰地酒的起源众说纷纭，无法考证。但据传说早在 11 世纪，意大利就有人利用蒸馏得来的酒精做成药，法国雅文邑地区于 1411 年开始生产白兰地。到了 16 世纪，意大利、西班牙和荷兰开始正式蒸馏葡萄酒来制作白兰地。

图 2—33　奥博瑟露伏特加

图 2—34　芬兰伏特加

知识链接

白兰地的酒标识别

1. 三星和 VS（Very Superior）。表示储藏期不少于 3 年。
2. V.O（Very Old）和 V.S.O.P.（Very Superior Old Pale）。表示储藏期不少于 4 年。
3. XO（Extra Old）。表示储藏期不少于 5 年。
4. 珍品（Reserve）和拿破仑（Napoleon）。表示储藏期不少于 5 年。
5. Fine Champagne。表示原料来自大香槟区和小香槟区，各占 50%。

（1）白兰地的特点

白兰地是以葡萄为原料，经发酵、蒸馏、橡木桶储存陈酿后调配而成的葡萄蒸馏酒。白兰地是世界四大名酒之一，琥珀色的酒液优雅悦目，晶莹光灿，庄重而不失娇艳。白兰地入口柔软，入腹发热，还有诱人的水果鲜香味和幽雅醇厚的陈酿香味，味韵协调，回味绵长，颇受消费者喜爱。

（2）白兰地的饮用方法

通常，白兰地被人们当做餐后酒饮用，享用白兰地的最好方法是绝对净饮，越是陈年的白兰地越是要净饮。如不净饮，可以将其与果汁、碳酸饮料、奶、奶油、矿泉水等一起混合调制成鸡尾酒或混合饮品，以满足人们的特殊要求，如白兰地亚历山大（Brandy Alexander）。

（3）法国白兰地代表品牌

1）奥吉尔（Augier）。奥吉尔白兰地以公司名命名，该酿酒公司已经有 360 年的历史。奥吉尔白兰地有三星和 V.S.O.P. 两个主要产品。

2）百事吉（Bisquit）。百事吉白兰地（见图 2—35）以公司名命名，该酿酒公司成立于 1819 年。百事吉白兰地有 V.S.O.P.、XO、Extra 3 个主要品牌。该公司的百事吉世纪珍藏（Bisquit Privige）为100年以上的珍藏，酒液是天然醇化的。

3）金花（Camus）。金花白兰地以公司名命名，该公司创建于1863年。金花白兰地的最大特点是使用旧橡木桶熟化白兰地，从而减少新橡木桶带给酒液的颜色和味道。该公司在干邑地区的大香槟区和边林区都有葡萄园，主要就是以这两地出产的赛美蓉葡萄作为新酿白兰地的主要原料勾兑而成。

该酿酒公司的拿破仑（Napoleon）是以大香槟区出产的原酒为主制成的；V.S.O.P.采用边林区酿造的原酒为主勾兑而成，是专为亚洲人设计的一款佳酿；XO则宣称用了170种并且储存期均为50年以上的各种白兰地酒勾兑而成；还有一款Camus Cuvee Special打破了常规，选用杏树木作为瓶塞，口感独特，蕴含杏仁的芳香。

4）科瓦塞尔（Courvosier）。科瓦塞尔白兰地（见图2—36）以公司名命名，该公司创建于1789年。该酒的原酒取自于300多个蒸馏厂，并且严格区分新橡木桶和旧橡木桶，然后进行合理的储存，故使得产品有着极为深沉、足够的熟度，堪称典范。三星略带甜味，是该公司的主要产品；V.S.O.P.采用大、小香槟区的葡萄作为主要原料，属豪华型产品；XO是该公司的顶级产品，在1986年国际葡萄酒和烈酒大赛中，被评为第一优质白兰地酒；Extra是储存20年以上的高级产品。

图2—35 百事吉白兰地

图2—36 科瓦塞尔白兰地

5）轩尼诗（Hennessy）。轩尼诗白兰地（见图2—37）以创始人命名，该酿酒公司于1765年创建。该公司产品的最大特点就是先将白兰地装入新制的利摩赞橡木桶中，为的是能吸收新的味道，之后再装入老橡木桶陈酿。其产品有三星、V.S.O.P.、XO、Special。轩尼诗与马爹利、人头马合称为3大白兰地品牌（也有加科瓦塞尔称为4大白兰地品牌的）。

6）御鹿（Hine）。御鹿酒以公司名命名，该公司创建于1762年。其中，Triomphe是以香槟区的葡萄为原料；Reserve则采用御鹿家族秘藏古酒制成，并且有手写的编号。

7）马爹利（Martell）。马爹利白兰地（见图 2—38）由爱尔兰人尚·马爹利发明，并以他的名字命名，酿酒公司创建于 1715 年。该公司主要产品有三星、V.S.O.P.、Medaillon、Cordon Bleu、Cordon Ruby、Napoleon、XO Supreme、Extra。其中，值得一提的是 Extra，它是有 60 年酒龄的珍品，每年产量只有 1 400 瓶。

8）人头马（Remy Martin）。人头马白兰地（见图 2—39）以公司名命名，以大小香槟区的葡萄为原料。人头马酿酒公司创建于 1724 年，其主要产品有 V.S.O.P.、XO、Club。其中，V.S.O.P. 是全部采用 7 年以上的原酒来进行调配的，而且是装在新制的利摩赞橡木桶中，并且只选用中心部分，也就是白色橡木桶，待香味出现后（约 10～12 个月）再放入老橡木桶，再陈酿 5 年以上才可以装瓶。人头马公司的镇店杰作当属路易十三（Remy Martin Louis XIII），它是以储藏了 20 年以上的原酒作为基酒调配而成的，酒瓶也是模仿皇家御用的酒器制成的，可谓精美绝伦。

图 2—37 轩尼诗白兰地

图 2—38 马爹利白兰地

图 2—39 人头马白兰地

（4）其他白兰地生产国及代表品牌

1）德国。代表品牌：阿巴哈（Asbach）、葛罗特（Goethe）、玛利亚克隆（Mariacorn）。

2）意大利。代表品牌：傲柏（Opera）、斯托克（Stock）、维卡罗玛那（Vecchia Romagna）。

3）西班牙。代表品牌：亚鲁米特（Acmirante）、康德欧博尼（Conde de Osborne）、芬瑞（Ferry）、马格诺（Mangno）、卡洛斯（Carlos）、达夫哥顿（Duff—Gordon）。

4）美国。代表品牌：保尔门（Paul Masson）、克利斯汀兄弟（Christian Brothers）、E 和 J（E&J）、基尔德（Guild）、果渣（Pomace）、伍德梅（Woodbury）。

6．威士忌（Whiskey）

威士忌是一种由大麦等谷物酿制，在橡木桶中陈酿多年后，调成 43° 左右的烈性蒸馏酒。英国人称之为“生命之水”。“whiskey”在英文中还有两种拼写形式：苏格兰和加拿大生产的威士忌拼写成“whikey”，而美国和爱尔兰则拼写成“whiskey”。

（1）威士忌的特点

1）威士忌颜色通常为褐色（琥珀色）。

2）威士忌酒精度通常在40°～43°之间，最高可达66°。

3）由于所用谷物、水质和蒸馏方法的不同，不同的威士忌在口味和颜色上有所差异。

4）威士忌的酒标上一般会注明该酒的储存年限。

（2）威士忌酒的分类

1）按所用原料不同分类。按所用原料不同，威士忌可分为纯麦威士忌和谷物威士忌。

2）按产地不同分类。按产地不同，威士忌可分为英格兰威士忌、爱尔兰威士忌、加拿大威士忌、美国威士忌和常被人们忽略的日本威士忌。

（3）威士忌的饮用方法

1）净饮（纯饮）。将1 oz（约28 mL）的威士忌倒入古典杯中，不加任何其他酒水直接饮用。

2）加冰饮用。将1 oz(约28 mL）的威士忌倒入古典杯中，加入3～5块冰饮用。

3）混合饮用。将1 oz（约28 mL）的威士忌倒入果汁杯或柯林杯中，加入水或果汁类饮料混合饮用。

4）制作鸡尾酒。可以制作各种鸡尾酒，如威士忌酸（Whiskey Sour）、曼哈顿（Manhattan）等。

（4）威士忌代表品牌

1）英格兰威士忌（Scotch Whiskey）。英格兰威士忌约有500年的历史，主要有以下品牌：

①格兰菲迪（Glenfiddich）。格兰菲迪威士忌（见图2—40）是英格兰高地出产的单种纯（大）麦威士忌，因蒸馏所位于格兰菲迪河畔而得名，其酒标图案的含义为“鹿之谷”。此酒具有辣味和泥炭的香味，酒精度为43°，有15年和21年等优秀品种。

②百龄坛（Ballantine's）。百龄坛威士忌（见图2—41）以酿酒公司拥有的8种蒸馏威士忌为主要原料，再掺兑42种威士忌来调配制成的混合（调配）威士忌。其产品Finest和Golden Seal属于中档酒；12年酒和17年酒属于高档酒；30年酒则是用了陈酿30年以上的威士忌调配而成，是不可多得的好酒，其酒精度为43°。

图 2—40　格兰菲迪威士忌

图 2—41　百龄坛威士忌

③金铃（Bell's）。金铃威士忌可分为陈酒（Old）、陈酿（Fine Old）、佳酿（Extra）、特酿（Special）、珍品（Rare），酒精度为 43°。其中，瓷瓶装的 21 年金铃威士忌属珍品。

④顺风（Cutty Sark）（见图 2—42）。顺风威士忌出现于 1923 年，是清淡型威士忌的典型代表。

⑤芝华士（Chivas Regal）。芝华士威士忌（见图 2—43）口感圆润顺畅，得到了世界各地威士忌爱好者的认可。皇家礼炮 21 年是芝华士威士忌的极品。

⑥约翰·渥克（Johnnie Walker）。约翰·渥克威士忌（见图 2—44）以创始人的名字而得名，多年来销量居苏格兰本地第一，居世界威士忌销量第三。人们常见并被认可的是红方（Red Label）、黑方（Black Lable）。红方稍带辣味，但很顺口；黑方是麦芽含量较高的威士忌酒，在严格控制的酒库中储藏至少 12 年，其质量高于红方。近年来，该公司又先后推出了蓝方和金方，均堪称极品，是不可多得的佳酿。

图 2—42　顺风威士忌

图 2—43　芝华士威士忌

图 2—44　约翰·渥克威士忌

⑦高地女皇（Highland Queen）。该酒由创建于 1893 年的马克德奈德公司和缪尔公司生产，它以 16 世纪苏格兰高地女皇而得名，酒精度为 43°，有 15 年和 21 年等著名品种。

2）爱尔兰威士忌（Irish Whiskey）。爱尔兰威士忌的味道比较柔和，稍带甜味、蜂蜜味，并且有香草和橘皮的特殊香气，比较适于制作混合酒。爱尔兰威士忌的原料烘烤时使用的是无烟煤，所以没有焦香味。

爱尔兰威士忌主要有以下品牌：

①约翰·詹姆森（John Jameson）。该酿酒公司于 1780 年成立，位于爱尔兰的都柏林，是爱尔兰威士忌酒中的“老大”。约翰·詹姆森威士忌（见图 2—45）口感平稳、圆润、清爽、甘醇芬芳。

②布什米尔（Bushmills）。该酿酒公司于 1784 年成立，位于北爱尔兰北部沿海地区。布什米尔威士忌（见图 2—46）是以精选的大麦和泉水作为原料，经过复杂、严密的方法酿制而成，酒精度为 43°。

③特拉莫尔督（Tullamore Dew）。该酿酒公司于 1829 年成立，位于爱尔兰中心地区。特拉莫尔督威士忌（见图 2—47）是一款高品质的威士忌，口感润滑、浓郁，其特有的香味来源于优质的麦芽和 3 次蒸馏工艺。

图 2—45　约翰·詹姆森威士忌

图 2—46　布什米尔威士忌

图 2—47　特拉莫尔督威士忌

④米德尔敦（Midleton）。米德尔敦威士忌以在发芽的大麦中混合一些未发芽的大麦为原料，酒液呈现浅褐色，酒精度为 40°。为保证其品质不变，爱尔兰政府规定此酒限量生产。

3）美国威士忌（America Bourbon）。早在 18 世纪末，威士忌酒就已经成为美国的民族饮料了。在美国威士忌的发芽浆中，玉米占到 51%。酒在被烧成炭黑色的橡木桶中储存，至少要陈酿（老熟）2 年，实际陈酿期是 4 年左右，老熟期要在 8 年左右，大多更长。用来冷却蒸馏产品的水是一种天然泉水，水中不含铁和伤害威士忌口感的矿物质。

美国威士忌主要有以下品牌：

①四玫瑰（Four Roses）。四玫瑰威士忌（见图 2—48）是以酒厂名命名的，产品所采用的是肯塔基州谷物酿制，并在焦黑橡木桶内熟化 6 年才能出厂。

②威凤凰（Wild Turky）。威凤凰威士忌（见图 2—49）所属的酿酒公司创建于 1855 年。威凤凰是波本酒的代表酒，它精选当地原料，用肯塔基河水酿造，经过连续蒸馏方式生产，在烧焦的橡木桶内储存 8 年之久，酒精度为 50.5°。

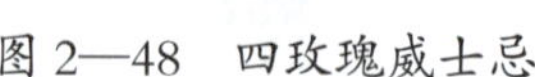
图 2—48　四玫瑰威士忌

图 2—49　威凤凰威士忌

4）加拿大威士忌（Canada whiskey）。据考古学家证实，加拿大的威士忌酒距今已有 200 多年的历史。

加拿大的寒冷气候影响了谷物质地，但加拿大拥有酿造威士忌酒的较好水质。蒸馏出酒后马上就加以混合，形成了加拿大威士忌独有的特色。

加拿大威士忌主要有以下品牌：

①皇冠（Crown Royal）。皇冠是非常著名的加拿大威士忌品牌之一。1936 年，英国国王乔治六世在访问加拿大时饮用过此酒，因此得名“皇冠”。

②施格兰 VO（Seagram's VO）。施格兰 VO 是以酒厂名命名的。该酒以稞麦和玉米为原料，储存 6 年以上，经勾兑而成，口味清淡，别具特色。

第三节　鸡尾酒

一、鸡尾酒的起源

鸡尾酒（Cocktail）是一种混合饮品，是由两种或两种以上的酒或饮料、果汁、汽水混合而成，有一定的营养价值和欣赏价值。

在社交活动中，人们常以鸡尾酒来欢迎宾客。关于鸡尾酒的由来有着不同的说法。一种说法是：美国独立战争时，纽约州一个小酒馆的女招待叫贝特西·弗拉纳根，在接待军官们喝酒时，发现各种酒都不多了。她急中生智，把剩下的各种酒倒在一起，并拔了一根鸡尾毛来搅拌。军官们喝后连声叫好，问这是什么酒，她顺口答道：鸡尾酒。从此，这种酒就在世界上流行开了。

二、鸡尾酒的分类

1．按酒精度数和容量分类

（1）长饮

所谓长饮，就是指酒精含量较低，通常在10%左右，而且酒液体积较大，可供顾客长时间持续饮用且无太重醉意的鸡尾酒。

（2）短饮

所谓短饮，就是酒精含量较高，基酒量大，味道突出，酒精含量通常在30%左右的鸡尾酒，不适合长时间持续饮用。

2．按饮用时间分类

（1）餐前鸡尾酒

餐前鸡尾酒，是指在餐前饮用，酒精含量通常较低，具有开胃功能的鸡尾酒。

（2）餐后鸡尾酒

餐后鸡尾酒，是指在餐后饮用，酒精含量无要求，具有消食、健胃功能的鸡尾酒。

（3）酒会鸡尾酒

酒会鸡尾酒，是指在酒会上出现的鸡尾酒，其酒精含量较低，长饮、短饮都会出现，所搭配的餐食主要以小点心、饼干为主。

3．按照基酒分类

（1）金酒类鸡尾酒

金酒类鸡尾酒，是指以金酒为基酒调制而成的各款鸡尾酒，如粉红佳人（Pink lady）、马颈（Horse's Neck）、干马天尼（Dry Martini）、白衣天使（White Lady）等。

（2）伏特加类鸡尾酒

伏特加类鸡尾酒，是指以伏特加为基酒调制而成的各款鸡尾酒，如血腥玛丽（Bloody Mary）、黑／白俄罗斯（Black/White Russian）、咸狗（Salt Dog）、环游世界（Around the Word）等。

（3）朗姆酒类鸡尾酒

朗姆酒类鸡尾酒，是指以朗姆酒为基酒调制而成的各款鸡尾酒，如自由古巴（Cuba Libre）、得其利（Daiquri）等。

（4）特基拉类鸡尾酒

特基拉类鸡尾酒，是指以特基拉为基酒调制而成的各款鸡尾酒，如玛格丽特（Margarita）、特基拉日出（Tequila Sunrise）等。

（5）香槟类鸡尾酒

香槟类鸡尾酒，是指以香槟酒为基酒调制而成的各款鸡尾酒，如皇族（Kir Royal）、含羞草（Mimosa）、百灵尼（Bellini）。

（6）利口酒类鸡尾酒

利口酒类鸡尾酒，是指以利口酒为基酒调制而成的各款鸡尾酒，如青草蜢（Grasshopper）、彩虹（Rainbow）。

（7）白兰地类鸡尾酒

白兰地类鸡尾酒，是指以白兰地为基酒调制而成的各款鸡尾酒，如白兰地亚历山大（Brandy Alexander）、B 和 B（B&B）、侧车（Side Car）。

（8）威士忌类鸡尾酒

威士忌类鸡尾酒，是指以威士忌为基酒调制而成的各款鸡尾酒，如威士忌酸（Whiskey Sour）、曼哈顿（Manhattan）、生锈钉（Rusty Nail）等。

（9）葡萄酒类鸡尾酒

葡萄酒类鸡尾酒，是指以葡萄酒为基酒调制而成的各款鸡尾酒，如莎布丽丝（Chablis Cup）等。

三、鸡尾酒的特点

1. 属混合饮料

鸡尾酒是由两种或是两种以上原料，经过一定方式混合在一起的饮料。

2. 具有冷饮性质

无论使用哪种方式调制，鸡尾酒大都要先加冰，因此它具有冷饮性质。

3. 色泽优美

随着制作工艺的不断发展，越来越多的酒开始有了颜色，不再局限于只有口味。如用蓝色橙味酒、绿薄荷酒、淡黄色香蕉甜酒等，与基酒调配出来的鸡尾酒除了口感颇佳以外，颜色也更加多姿多彩。

4. 口味优于单体组成

所谓单体组成就是指单独饮用一种饮料，不加任何其他饮料。而任何一款鸡尾酒都是由两种或两种以上原料组成，结合后的口味具有双重性。饮用者可同时享受两种、三种，甚至多种味道。

5．盛载考究

按照饮用者的饮用习惯、酒水的自身特点，每种鸡尾酒都有自身特定的杯具，用来帮助饮用者更好地享受酒水的香味和欣赏酒水的色泽。

6．调法各异

调制方法有摇和法、调和法、搅和法和兑和法。

四、鸡尾酒的命名方式

1．根据酒液颜色命名

鸡尾酒以最后调制好的成品颜色命名，如红粉佳人、青草蜢等。

2．根据原料内容命名

鸡尾酒以自身所用的原料命名，如金汤力（Gin Tonic）、威士忌干（Whiskey Dry）等。

3．根据成品口味命名

鸡尾酒以成品带给人的直接口感命名，如威士忌酸等。

4．根据历史人物命名

鸡尾酒以一些著名的具有历史意义的人名命名，如亚历山大（Alexander）等。

5．根据要表达的含义命名

鸡尾酒以要表达的含义命名，如天鹅的生命（Life of Swan），寓意是要让人们保护动物，不要让下一代只能在电视或是书上才能看到动物。

6．根据花草植物命名

鸡尾酒以花草植物的名字命名，如香草天空（Vanilla Sky）等。

7．以历史故事、典故命名

鸡尾酒以历史故事、典故命名，如玛格丽特（Magrata）等。

8．以军事设备命名

鸡尾酒以军事设备命名，如B–52等。

五、鸡尾酒的构成

一款色、香、味俱佳的鸡尾酒主要由基酒（主要原料）、辅料（其他酒水）、配料及装饰物构成。

1．基酒

基酒又称酒基或酒底，是构成鸡尾酒的主体，它决定了鸡尾酒的酒品特色。基酒主要以烈性酒为主。常用的基酒有金酒、威士忌、朗姆酒、伏特加、白兰地和特基拉等，也有少量鸡尾酒是以葡萄酒或利口酒为基酒的。基酒决定了一款鸡尾酒的主要风味，所以其含量不应少于一杯鸡尾酒总容量的 1/3。

2. 辅料

辅料又称调和料，是鸡尾酒和缓剂或调香调味材料，是指用于冲淡、调和基酒的原料。辅料与基酒混合后就能发挥一款鸡尾酒的特色。常用的辅料主要是各类果汁、汽水以及开胃酒、利口酒等。

3. 配料和装饰物

配料是指一些用量较少但能体现鸡尾酒特色的材料，常用的配料有盐、胡椒粉、糖粉或糖浆、淡奶、辣椒油、奶油、玉桂粉、豆蔻粉、鸡蛋、洋葱等。

装饰物主要起点缀、增色作用。常用的装饰物有红绿樱桃挂杯边（Red Cherry on Glass Rim）、柠檬片（Lemon Slice）、柠檬角（Lemon Wedge）、吸管穿红樱桃（Red Cherry with Lemon）、杯口蘸上盐（Salt on Glass Rim）、杯口蘸上糖（Sugar on Glass Rim）、黄瓜片（Cucumber Slice）和酒面上洒豆蔻粉（Sprinkle with Nutmeg on Top）等。装饰物的颜色和口味应与鸡尾酒酒液保持一致，从而使其外观色彩和谐，给人以赏心悦目的视觉享受。

第四节 配制酒

一、配制酒的定义

配制酒是以发酵酒或蒸馏酒作为酒基，配加一定比例可食用的辅料（着色剂、甜味剂、香精、花果、药材等）而制成的酒。

二、配制酒的特点

配制酒与蒸馏酒、发酵酒相比，在颜色、嗅觉、味道以及对人体的益处等诸多方面更具特色和吸引力。

三、配制酒的分类

1. 开胃酒（Aperitif）

开胃酒也称强化葡萄酒，是指餐前作为开胃剂或胃兴奋剂的含少量酒精的饮料，以意大利和法国的开胃酒最为著名。

随着社会的发展，开胃酒的范围逐渐拓宽，包括柔和饮料，如雪利酒、苦艾酒、白葡萄酒、玫瑰红葡萄酒等。

无论是哪一种开胃酒，都能刺激味神经、促进肠胃蠕动，使就餐者对将要吃到的食品产生兴趣和联想，丰富就餐者在等待食物时间里的内容。

开胃酒主要有以下三类：

（1）葡萄酒类开胃酒

葡萄酒类酒如味美思，它是用葡萄酒加上纯酒精、白兰地、芳香药草浸出物和糖作为主要原料的。其主要芳香药草有苦艾、奎宁、西香、牛至、橘子皮、香草。不同风味的味美思使用的芳香药草的种类和数量也不相同。

（2）苦艾类开胃酒

苦艾类开胃酒是用大黄、金鸡纳树皮、龙胆酒、苦橙、芳香药草以及酒精配制而成的，是一种低酒精含量的饮品，其酒精含量为11%。此酒颜色鲜艳、味道苦中带甜。此酒可净饮、加冰饮用或加苏打水饮用，也可与果汁类混合饮用，如橙汁、西柚汁。苦艾类开胃酒的主要品牌有干巴利（Campari）、阿贝抚（Aperol）、安哥斯苦精（Angostra—Bitter）、阿玛·皮肯（AmerPicon）、杜本内（Dubonnet）、苏兹（Suze）、菲奈特（Fernet）等。

（3）大茴香开胃酒

茴香开胃酒早在公元前1500年就由古埃及人发明了，但那时只是作为治疗肠胃痛的药剂。人茴香开胃酒的主要品牌有潘诺（Pernod）、瑞（里）卡底（Ricard）、桑布卡（Sambuca）、奥佐（Ouzo）、玛利·布里扎德（Marie Brizard）。

2. 甜食酒（Desert Wine）

甜食酒也称加强葡萄酒，通常以葡萄酒作为酒基，再加入食用酒精或白兰地以增加酒精含量的一种配制酒。因此，它既属葡萄酒类又属配制酒。由于它通常搭配甜食和点心，故此得名甜食酒。

甜食酒可分为厘（雪莉）酒、波特酒、马德拉、马拉加和马萨拉等品种。

3. 利口酒（Liqueur）

利口酒也称为餐后甜酒，通常在餐后饮用，具有助消化的作用。它以食用酒精和其他蒸馏酒为基酒，配上各种调香、调味的辅料，并且经过糖化处理，酒精度一般在20°～40°之间。

利口酒最大的特点就是颜色鲜艳、味道芳香，可用于烹调。

利口酒分为水果类、草本类、种子类和乳料类等。比较有名的品牌有白兰地库布勒（Brandy Cobbler）、樱桃白兰地（Cherry Brandy）、君度（Cointreau）（见图2—50）、格兰玛聂（Crand Marnier）、杜林标（Drambuie）、当姆香草利口酒（Benedictine D.O.M）等。

图2—50 君度橙皮利口酒

第三章 鸡尾酒调制

人们常常把鸡尾酒的调制称为一门艺术，这是因为要调制出一杯色、香、味、形俱佳的鸡尾酒，需要对酒品有全面的了解，需要熟练掌握各种材料的协调配合，需要具有艺术性的创造力等。

学习目标

☆掌握鸡尾酒的调制术语和调制常识。

☆掌握鸡尾酒辅料和装饰物的制作方法。

☆掌握鸡尾酒的制作过程、步骤、动作规范。

☆熟悉国际流行鸡尾酒的制作方法。

第一节 调制术语及常识

一、调酒术语

调酒作为一种技术含量较高的职业，要求从业人员必须掌握相关的职业术语。

1．摇动（Shake）

摇动，即用摇酒壶进行鸡尾酒的调配和制作。操作时先放适量冰块于摇酒壶中，再依次倒入所需要的原料。一次调制的量不可过多，壶中要留有一定的空间。

摇动的方法和姿势没有严格的要求，小号的摇酒壶可以单手摇（见图3—1），大号摇酒壶则用双手摇更为妥当（见图3—2）。摇动时快速、剧烈，摇妥之后滤入相应的酒杯中。值得注意的是，在摇动酒壶时，身体一定要保持稳定，剧烈摇动的是摇酒壶而不是身体，要尽量保持体态的优美、大方。

图3—1 单手摇和

图3—2 双手摇和

2．搅动（Stir）

搅动，即用调酒杯进行鸡尾酒的制作。先在调酒杯中放入适量的冰块，然后依次倒入所需的原料，左手握住调酒杯，右手用吧匙靠杯中内壁沿一个方向迅速搅动至调酒杯外壁出现冰霜（见图 3—3），最后滤入事先备好的酒杯。

图 3—3　搅动

3．直接倒入（Build）

首先在相应的酒杯中放入适量冰块，然后直接按配方中要求的分量把所需要的原料倒入杯中，用调酒棒轻轻搅动，调制完成后杯中常附带一只搅棒奉客。调制彩层鸡尾酒时，需要使用漂浮的方法，将配方中的酒水按其密度不同（密度大的先倒，密度小的后倒）逐一沿吧匙背部轻轻倒入，无须搅动，以免冲撞混合。倒酒时手要平稳，用手腕控制好酒液的流速，呼吸均匀。调制要求酒水之间不能混合，层次分明，色彩绚丽。

4．搅拌（Blend）

搅拌使用的调酒用具是电动搅拌机。操作时是将碎冰、辅料、配料、基酒按配方分量放入电动搅拌机中，盖好机盖，启动电源运转 10 s 左右使各种原料充分混合，将酒液和冰一并倒入相应的杯中。

5．搅拧（Twist）

将长约 5 cm，宽约 1 cm 的柠檬皮搅拧，使其呈螺旋状，装饰于鸡尾酒中。搅拧时注意应悬在鸡尾酒杯上方搅拧，将柠檬皮的汁油充分洒落在鸡尾酒上。

6．柠檬油调香（Zest）

把柠檬皮中的香味油挤入鸡尾酒中，挤后的皮可以直接放入酒中装饰（见图 3—4），也可弃之不用。

7．旋状果皮（Spiral）

将削成螺旋状的整个果皮垂于杯中，如图 3—5 所示。

图 3—4　柠檬油调香

图 3—5　旋状果皮

8．杯口加霜（Frosting）

用柠檬皮将鸡尾酒杯杯口沾湿，将适量糖或盐放在盘状容器里，用沾湿的杯口与糖或盐全面接触，使鸡尾酒杯的边口沾满糖霜或盐霜，如图 3—6 所示。

图 3—6　杯口加霜

9．糖浆（Sugar Syrup）

将糖溶解在 100℃的开水中而获得的一种透明的无色糖液。

二、鸡尾酒调制常识

1．调制常识

（1）调酒原材料中，全部是透明且密度较低的酒水，通常使用搅动法。

（2）调酒原材料中，全部或部分是非透明且属于中等密度的酒水，通常使用摇和法。

（3）调酒原材料中，有固体状态或高等密度酒水的，通常使用搅和法。

（4）成品酒需要分层的，通常使用直接倒入法。

（5）含气体的碳酸类饮料不能在摇酒壶中摇制。

（6）所有鸡尾酒必须严格按配方调制。

（7）成品鸡尾酒不带冰的，在制作时一般先放入材料后放冰块；成品鸡尾酒带冰的，在制作时一般先放冰块后放材料。

2．载杯使用常识

（1）成品酒不带冰的一般使用鸡尾酒杯或烈饮杯，成品酒带冰的一般使用古典杯或岩石杯。

（2）成品酒带冰和碳酸饮料、果汁的一般使用柯林杯或海波杯。

（3）选用的酒杯与酒体要协调，给人赏心悦目的感觉。

3．确保酒水品质常识

（1）不要用手直接接触鸡尾酒、冰块、杯边或装饰物。

（2）调酒工具使用后应立即清洁。

(3) 遵循即调即饮原则，以保证酒品的质量和新鲜口感。

(4) 保证原材料的新鲜，尤其是蛋和奶类。

(5) 装饰用的水果一定要新鲜，不可使用隔天的水果；罐装水果根据使用量提前用清水清洗干净，用保鲜膜封好，放入冰箱备用，虽然可以隔天使用，但在再次使用前一定要注意是否腐败。

(6) 调酒的冰块，应尽量使用新制的。新制的冰块质地坚硬，不易融化。

知识链接

鸡尾酒调制注意事项

酒将倒空时，应另开新酒，不要将快空了的残酒倒给顾客。

牢记每种原料的位置，调酒过程中不要手忙脚乱，使酒杯发出碰撞声或产生酒瓶倒下等情况，会使顾客产生一种不信任感。

一杯以上的相同鸡尾酒，无论是一次调制完成还是分几次完成，不应倒完第一杯再倒第二杯，而是应该将酒杯排开，杯缘相连，从左至右，再从右至左平均分配，这样可以保证几杯酒的品质完全相同（避免了由于手掌温度使调酒器里的冰块融化而造成出酒前后浓度不均匀等不利因素）。

配方中有碳酸饮料的，一定要最后加。

第二节　调制鸡尾酒

一、调酒准备

1．调酒辅料的制作

(1) 糖和糖浆的制作与储存

糖和糖浆在调酒过程中，经常被用来作为鸡尾酒的调味剂，一道与其他材料混合调制，以缓释含酸量较高的酒品的口味，使酒品更加酸甜适口。

在调酒过程中，糖的使用有两种形式：一是糖粉或细砂糖，二是糖浆。糖粉由于其质地细腻，极易融化，只需在调制时直接加入到酒液中，通过其他酒液使其融化即可。而细砂糖由于其颗粒相对于糖粉要粗得多，故在使用时必须先将细砂糖放入摇酒壶或酒杯中用少量水充分搅拌，将其化开，然后再加其他材料混合或调制酒品。

糖浆一般是由砂糖或糖块熬制而成，比较黏稠，含糖量很高，使用时需根据配方酌量添加，否则会因用量过大而改变酒品的味道。糖浆熬制方法见表 3—1。

表 3—1　糖浆熬制方法

道具准备	操作步骤	注意事项
砂糖、水、不锈钢锅、小勺、保鲜膜、电磁炉	1. 根据用量，按 3∶1 的比例将砂糖和水放入不锈钢锅中，点火加热，将其煮沸 2. 在熬制过程中，不停地用小勺搅拌，使砂糖化开，待煮沸 1～2 min 后，改用小火熬 2～5 min，并不停地搅拌 3. 待糖浆中水分蒸发，即糖浆开始起稠时停止熬煮 4. 将熬煮好的糖浆冷却装入糖缸，用保鲜膜封好存入冰柜待用	1. 精选原料，选用的砂糖和水都必须纯净 2. 注意用量，熬制糖浆时必须严格按比例投料 3. 熬制过程中须不断搅拌，以防糖分沉淀，出现锅底焦糊现象。小火熬制完成后须立即起锅，并进行冷却 4. 糖浆应注意保质期，熬制的量不宜过大，一般以一周用量为宜。若糖浆保存超过一周，或出现糖霜的现象，应停止使用

（2）调酒辅料的准备

1）碳酸类饮料的准备。碳酸类饮料需在营业前准备，要确保品种齐全、数量充足，对一些不常用或用量较小的品种如苏打水、汤力水、干姜汽水还需检查其保质期，避免使用过期产品。所有碳酸类饮料使用前都必须冰镇，也就是说，必须在营业前将它们放入冷藏柜储存。

2）果汁类饮料的准备。为了确保产品质量，酒吧通常使用能储存的桶装或罐装果汁，因此，在营业前准备果汁时，除根据经营需要准备好充足的数量和品种外，要重点检查各种果汁饮料的质量，凡有膨胀现象的桶装、有膨胀现象的听装果汁饮料一律不得使用，因这类果汁已经发酵变质，使用后会给人体带来较大伤害。对已经打开使用过的果汁饮料也需认真检查其质量情况。

3）利口酒的准备。在准备利口酒时，只需根据酒吧中现存的品种和数量，将它们陈列于酒架上即可。陈列酒品时一方面要擦净瓶身，特别是瓶口部位，因为利口酒含糖分较多，溢出的酒液易在瓶口部位产生糖霜，影响酒品外观；另一方面，注意检查瓶中酒品的数量，及时补充酒水。

4）其他辅料的准备。在鸡尾酒调制中还会使用到其他一些食品或调味品作调酒辅料，准备时须逐一检查其数量、质量情况。如盐、糖是否受潮，鸡蛋是否新鲜。

2．调酒装饰物的制作

（1）柠檬类装饰物的制作

柠檬是鸡尾酒装饰物中使用最广泛的装饰原料（见图3—7）。选择柠檬时，要求新鲜、多汁，中等大小，柠檬外表要求有光泽，并富有弹性。柠檬在制作前要洗净，所有操作都必须在砧板上进行。

图3—7 柠檬类装饰物

1）柠檬片的制作。切柠檬片要求左手拿柠檬，右手操刀。柠檬片有两种切法：一种是柠檬圆片，即整片柠檬；另一种是半片柠檬片。

①柠檬横放、切去头、蒂。

②纵向将柠檬一分为二切开，再将每一半柠檬横向从一端将它切成薄片，厚度一般为0.3 cm左右。

③半片柠檬较多的是用于放入混合饮料中做装饰，因此，切片时不宜太厚。

2）柠檬角的制作

①柠檬横放，切去头、蒂。

②纵向将柠檬一分为二切开，然后再将每一半柠檬纵向切成3～4块。

③柠檬角除可以单独作装饰外，还可以和樱桃等组合，用于鸡尾酒的装饰。

3）柠檬皮的制作

①用制作柠檬片或柠檬角时切下的柠檬的两端部分。具体切法是将柠檬头沿一边切出长约2～3 cm的柠檬皮。

②修切成0.5～1 cm宽。

③剔除内侧的白色部分。

(2) 青柠类装饰物的制作

青柠又称酸橙，呈深绿色，无籽，比柠檬略小，也是酒吧常用调酒的装饰物，它可以切成片、角等形状用于鸡尾酒的装饰。

青柠片、青柠角的制作方法与柠檬片、柠檬角的制作方法相同。

(3) 橙类装饰物的制作

橙子很多时候也被用于鸡尾酒的装饰，主要是以片的形式出现（见图3—8），也可以和其他装饰物组合成新的装饰。选用橙子作装饰时，要尽量选用中等大小，无籽或少籽的为佳。橙的制作方法与柠檬片、柠檬角的制作方法相同。

(4) 樱桃装饰物的制作

樱桃是用量最多，使用最广泛的鸡尾酒装饰物（见图3—9）。常用装饰樱桃分新鲜和罐装两种。新鲜带把樱桃的装饰效果好，但受季节性限制较大；罐装樱桃也分带把和不带把两种，颜色有红、绿之分。

图3—8　橙类装饰物

图3—9　樱桃类装饰物

樱桃装饰物的制作方法相对简单，常见的装饰方法有：将樱桃直接放入杯中，将樱桃底部切开口后夹在杯口，用鸡尾酒签穿上樱桃架于杯口，将樱桃串在吸管上放入高杯中。

(5) 菠萝类装饰物的制作

菠萝是继柠檬和樱桃之后又一酒吧常用的装饰物（见图3—10）。

1) 菠萝条的制作

①选择新鲜菠萝，切除其头尾部分。

②纵向将菠萝一分为四，取1/4块再将其切成条状。

③斜搭于杯口做装饰。

2) 菠萝角（片）的制作

①新鲜菠萝去皮后切成1 cm左右的薄片。

②将菠萝片均匀地一分为六，制成 6 块菠萝角。或者先将菠萝去皮后切除头尾部分，然后再纵向切成 6 块，取其中一块横切成 0.6~1 cm 厚的菠萝片。

③用鸡尾酒签从菠萝片内侧穿一颗樱桃，骑在杯口做装饰。

3）带叶菠萝片的制作

①将新鲜菠萝尾部切除，然后纵向将其一分为二。

②取其中一块菠萝侧切成片。

③将菠萝片从中间横向切断，挂于杯口装饰。

(6) 其他水果及装饰物的制作方法

除上述主要的水果类装饰物外，还有其他的水果、蔬菜以及装饰材料可以用于鸡尾酒装饰物的制作。

橄榄也是酒吧必备鸡尾酒的装饰材料之一，主要用于干马无尼、干曼哈顿类鸡尾酒的装饰，装饰方法很简单，只需直接放入酒中即可，如图 3—11 所示。

图 3—10 菠萝类装饰物

图 3—11 橄榄类装饰物

洋葱，又称鸡尾酒珍珠洋葱，其装饰方法也是直接放入酒中。

芹菜主要用于“血玛丽”等少数鸡尾酒的装饰。

薄荷叶由于受季节性影响，偶尔也会用于一些鸡尾酒的装饰。

在鸡尾酒的装饰中，除使用新鲜水果、蔬菜等作装饰物外，酒吧还配备一些基本的装饰品，如弯头吸管、鸡尾酒花签、小花伞等，这些装饰材料可以和各种水果装饰物进行有机的组合，形成独具创意的鸡尾酒装饰物。

二、鸡尾酒调制方法

常见的调酒方法有 4 种：搅和法（Blending）、兑和法（Building）、摇和法

(Shaking)、调和法（Stirring）。不同类型的鸡尾酒有不同的调制方法，我们在了解配方的同时，要熟练地掌握操作方法。

1．搅和法鸡尾酒调制

搅和法分为混合、搅拌和滤入三步。

（1）用具

搅拌机、量酒器等。

（2）方法及程序

先将碎冰放置于搅拌机中，按配方比例加入原料；然后盖好搅拌机盖，调至适当转速，搅拌 10~15 s，直至将调酒原料中固形体搅碎成液体状；最后将成品倒入酒杯。

（3）要求

严格按配方调制，调制方法和载杯选择要正确；动作要熟练、准确、优雅；成品要口味醇正、装饰美观。

（4）调制训练

训练 1　　冰冻玛格利特（Frozen Margrita）

配方及原料	器具	操作步骤	成品展示
45 mL 特基拉 25 mL 柠檬汁 15 mL 君度 10 mL 糖水 1 杯碎冰	量酒器、玛格丽特杯、冰桶及冰夹、水果夹、砧板、水果刀	1. 洗净双手并擦干 2. 用柠檬皮擦杯口，沾盐边 3. 将碎冰倒入电动搅拌机 4. 用量酒器将糖水、柠檬汁、君度、特基拉按分量依次量入搅拌机 5. 盖好搅拌机盖 6. 调至适当转速，搅拌 10~15 s 7. 将搅拌好的饮品倒入玛格丽特杯中 8. 饰以柠檬片 9. 可将调制好的鸡尾酒置于杯垫上 10. 清洁器具，清理工作台 附：装饰物制作方法 * 使用干净砧板用水果刀切柠檬片 1 片 * 侧切加杯口中	

训练 2　　冰冻香蕉得其利（Banana Daiquri）

配方及原料	器具	操作步骤	成品展示
45 mL 朗姆酒 25 mL 香蕉利口酒 20 mL 柠檬汁 10 mL 糖水 半根香蕉 1 杯碎冰	搅拌机、吧匙、量酒器、鸡尾酒杯、冰桶及冰夹、水果夹、水果刀等	1. 洗净双手并擦干 2. 用柠檬皮擦杯口，沾糖边 3. 将碎冰倒入搅拌机 4. 用量酒器将糖水、香蕉、香蕉利口酒、朗姆酒按分量依次量入搅拌机 5. 盖好搅拌机盖 6. 调到适当转速，搅拌 10～15 s 7. 将搅拌好的饮品倒入鸡尾酒杯 8. 可将调制好的鸡尾酒置于杯垫上 9. 清洁器具，清理工作台	

训练 3　　冰冻日出（Frozen Sunset）

配方及原料	器具	操作步骤	成品展示
45 mL 特基拉 25 mL 青柠汁 25 mL 红糖水 1 片青柠片 1 杯碎冰	搅拌机、量酒器、海波杯、吧匙、冰桶及冰夹、砧板、水果刀	1. 洗净双手并擦干 2. 将碎冰倒入搅拌机 3. 用量酒器将青柠汁、红糖水、特基拉按分量依次量入搅拌机 4. 盖好搅拌机盖 5. 调至适当转速，搅拌 10～15 s 6. 将搅拌好的饮品倒入鸡尾酒杯 7. 饰以柠檬皮 8. 可将调制好的鸡尾酒置于杯垫上 9. 清洁器具，整理工作台 附：装饰物制作过程 * 使用干净砧板用水果刀切青柠片 1 片 * 侧切加杯口	

注：搅和法鸡尾酒调制操作要点及注意事项

1. 启动搅拌机时一定要盖好盖子。
2. 搅拌时间不可过长。
3. 最好用冰杯机将杯子事先冰镇后再用。

2. 兑和法鸡尾酒调制

(1) 用具

吧匙、量酒器或酒嘴等。

(2) 方法和程序

用吧匙的前端紧顶住杯子的内壁，吧匙背呈 45°，在倒酒时要往匙背末端后 1/3 处倒。

注意事项：倒酒时要缓慢倒下，眼睛要始终注视酒液的流量，手腕要控制住酒液的流速。

(3) 要求

严格按配方调制，调制方法和载杯选择要正确；动作要熟练、准确、优雅；成品要口味醇正、装饰美观。

(4) 调制训练

训练 1　　B-52（B-52）

配方及原料	器具	操作步骤	成品展示
10 mL 柑曼怡 10 mL 百利甜酒 10 mL 咖啡甜酒	量酒器、吧匙、子弹杯等	1. 洗净双手并擦干 2. 将一只子弹杯擦干净 3. 量 10 mL 咖啡甜酒垂直倒入杯中，尽量不要沾到杯壁 4. 量 10 mL 百利甜酒，用吧匙的前端紧顶住杯子的内壁，匙背呈 45°，在匙背末端后 1/3 处倒入酒杯内 5. 量 10 mL 柑曼怡，依第四步方法倒入酒杯内 6. 可将调好的鸡尾酒置于杯垫上 7. 清洁器具，清理工作台	

训练 2　彩虹（Rainbow）

配方及原料	器具	操作步骤	成品展示
8 mL 红糖水 8 mL 咖啡甜酒 8 mL 君度 8 mL 绿精灵 8 mL 蓝橙 8 mL 白兰地	量酒器、吧匙、子弹杯等	1. 洗净双手并擦干 2. 将一只子弹杯擦干净 3. 量 8 mL 红糖水垂直倒入杯中，尽量不要沾到杯壁 4. 量 8 mL 咖啡甜酒，用吧匙的前端紧顶住杯子的内壁，匙背呈 45°，在匙背末端后 1/3 处倒入酒杯内 5. 量 8 mL 君度酒，依第四步方法倒入酒杯内 6. 量 8 mL 绿精灵，依第四步方法倒入酒杯内 7. 量 8 mL 蓝橙，依第四步方法倒入酒杯内 8. 量 8 mL 白兰地，依第四步倒入酒杯内 9. 可将调制好的鸡尾酒置于杯垫上 10. 清洁器具，清理工作台	

训练 3　特基拉日出（Tequila Sunrise）

配方及原料	器具	操作步骤	成品展示
30 mL 特基拉 90 mL 橙汁 10 mL 红糖水	量酒器、吧匙、柯林杯、调酒棒等	1. 洗净双手并擦干 2. 将一只柯林酒杯擦干净 3. 在柯林酒杯中加 3 块冰块 4. 量 90 mL 橙汁倒入酒杯中 5. 量 30 mL 特基拉倒入酒杯中 6. 量 10 mL 红糖水倒入酒杯中。红糖水由于密度大，所以会沉到杯底 7. 将调酒棒深入杯底，轻轻搅动，使红颜色泛起 8. 加橙片作为装饰 9. 可将调制好的鸡尾酒置于杯垫上 10. 清洁器具，清理工作台	

3. 摇和法的鸡尾酒调制

(1) 用具

摇酒壶、量酒器等。

(2) 方法及程序

1) 单手摇壶。先往摇酒壶里加入3~5块冰，接着按配方依次倒入原料，然后食指按住壶盖，其余4个手指的指尖捏住壶身，手心远离壶身，手腕左右快速旋转，可在胸前画“8”字或圆圈。此时，身体要站正，两脚微微分开，腰部挺直，肩摆正，另外一只手背后，面带微笑，摇和时间在8 s左右。若遇到配方中有生鸡蛋清或是整个生鸡蛋时，摇和时间要在30 s左右，因为只有这样才能使生鸡蛋清或整个生鸡蛋与酒液充分融合。

2) 双手摇壶。先往摇酒壶内加入3~5块冰，接着按配方依次倒入原料，然后双手拇指按住壶盖，其余8个手指捏住壶身，手心离壶身，将壶口朝下置于耳侧边，向前方快速抖动手腕。此时，身体要站正，两脚微微分开，腰部挺直，肩摆正，两个肘部下压，露出脸庞，表情自然，摇和时间在8 s左右。若遇到配方中有生鸡蛋清或整个生鸡蛋时，摇和时间要在30 s左右。

(3) 要求

严格按配方调制，调制方法和载杯选择要正确；动作要熟练、准确、优雅；成品要口味醇正、装饰美观。

(4) 调制训练

训练1　　威士忌酸（Whisky Sour）

配方及原料	器具	操作步骤	成品展示
45 mL 威士忌 20 mL 柠檬汁 10 mL 糖水	摇酒壶、量酒器、鸡尾酒杯、冰桶及冰夹、水果夹、砧板、水果刀等	1. 洗净双手并擦干 2. 将3~5块冰加入摇酒壶中 3. 用量酒器将柠檬汁、糖水、威士忌按分量依次倒入摇酒壶中 4. 盖上滤冰器 5. 盖上壶帽 6. 单手或双手摇摇酒壶，至酒壶壶壁起霜即可 7. 打开壶盖，将酒滤入鸡尾酒杯内 8. 可将调制好的鸡尾酒置于杯垫上 9. 清洁器具，清理工作台	

训练 2 白兰地亚历山大（Brandy Alexander）

配方及原料	器具	操作步骤	成品展示
20 mL 白兰地 20 mL 棕可可甜酒 20 mL 淡奶油 豆蔻粉	摇酒壶、量酒器、鸡尾酒杯、冰桶及冰夹等	1. 洗净双手并擦干 2. 将 3～5 块冰加入摇酒壶中 3. 用量酒器将白兰地、棕可可甜酒、淡奶油按分量依次倒入摇酒壶中 4. 盖上滤冰器 5. 盖上壶帽 6. 单手或双手摇摇酒壶，至摇酒壶壶壁起霜即可 7. 打开壶帽，将酒滤入鸡尾酒杯内 8. 加少许豆蔻粉 9. 可将调制好的鸡尾酒置于杯垫上 10. 清洁器具，清理工作台	

训练 3 青草蜢（Grasshopper）

配方及原料	器具	操作步骤	成品展示
20 mL 绿薄荷酒 20 mL 白可可甜酒 20 mL 牛奶	摇酒壶、量酒器、鸡尾酒杯、冰桶及冰夹等	1. 洗净双手并擦干 2. 将 3～5 块冰加入摇酒壶中 3. 用量酒器将牛奶、白可可甜酒、绿薄荷酒按分量依次倒入摇酒壶中 4. 盖上滤冰器 5. 盖上壶帽 6. 单手或双手摇摇酒壶，至摇酒壶壶壁起霜即可 7. 打开壶帽，将酒滤入鸡尾酒杯内 8. 可将调制好的鸡尾酒置于杯垫上 9. 清洁器具，清理工作台	

4．调和法的鸡尾酒调制

（1）用具

吧匙、滤冰器、调酒杯、量酒器等。

（2）方法及程序

先往调酒杯中加入3～5块冰，接着将原料按照比例依次倒入调酒杯中，然后一手捏住吧匙，在杯内做搅拌。

注意事项：不要让吧匙与杯子内壁接触时的声音过大，只要使酒液与冰块充分接触，降低酒液温度降低至凉透即可。

使用调酒杯和滤冰器搅拌美观、高雅，但费时，而且耗费的用具成本较高。通常可以直接使用摇酒壶的壶身搅拌，搅拌好后盖上摇酒壶的滤冰器，将酒液滤出。这样可以避免酒杯的破损、滤冰器的磨损，同时也提高了调酒的速度。

（3）要求

严格按配方调制，调制方法和载杯选择要正确；动作要熟练、准确、优雅；成品要口味醇正，装饰美观。

（4）调制训练

训练1　干马天尼（Dry Martini）

配方及原料	器具	操作步骤	成品展示
90 mL 金酒 15 mL 干味美思 3 粒橄榄	调酒杯、量酒器、鸡尾酒杯、冰桶及冰夹、水果夹等	1. 洗净双手并擦干 2. 将3～5块冰加入调酒杯中 3. 用量酒器将干味美思、金酒按分量依次倒入调酒杯中 4. 用吧匙绕杯壁轻轻搅动，至杯壁起霜 5. 用滤冰器将酒滤入鸡尾酒杯中 6. 用酒签穿3粒橄榄，放入杯中 7. 可将调制好的鸡尾酒置于杯垫上 8. 清洁器具，清理工作台	

训练 2 黑俄罗斯（Black Russian）

配方及原料	器具	操作步骤	成品展示
45 mL 伏特加 15 mL 咖啡甜酒	量酒器、古典杯、冰桶及冰夹、水果夹等	1. 洗净双手并擦干 2. 在古典杯中加入 3 块冰 3. 用量酒器将咖啡甜酒、伏特加按分量依次倒入杯中 4. 用吧匙绕杯壁轻轻搅动，至杯壁起霜 5. 可将调制好的鸡尾酒置于杯垫上 6. 清洁器具，清理工作台	

训练 3 螺丝刀（Screwdriver）

配方及原料	器具	操作步骤	成品展示
30 mL 伏特加 90 mL 橙汁 1 片橙片	量酒器、柯林杯、冰桶及冰夹、水果夹等	1. 洗净双手并擦干 2. 在柯林杯中加入 3 块冰块 3. 用量酒器将橙汁、伏特加按分量依次倒入杯中 4. 用吧匙绕杯壁轻轻搅动，至杯壁起霜 5. 饰以橙片 6. 将调制好的鸡尾酒置于杯垫上 7. 清洁器具，清理工作台	

训练 4　　汤姆克林（Tom Collins）

配方及原料	器具	操作步骤	成品展示
30 mL 老汤姆金酒 15 mL 柠檬汁 15 mL 糖水 15 mL 苏打水 2 片柠檬片 1 粒红樱桃	量酒器、柯林杯、冰桶及冰夹、水果夹等	1. 洗净双手并擦干 2. 在柯林杯中加入 3～5 块冰块 3. 用量酒器将柠檬汁、糖水、老汤姆金酒按分量依次倒入杯中，倒入苏打水至八分满 4. 用吧匙绕杯壁轻轻搅动 5. 用酒签穿起红樱桃和柠檬片，放入杯中 6. 将调好的鸡尾酒置于杯垫上 7. 清洁器具，清理工作台	

注：在服务顾客汤姆克林时，要在鸡尾酒中加一根调酒棒，便于顾客自己搅动酒水。

三、鸡尾酒的颜色

1. 鸡尾酒颜色的构成

鸡尾酒之所以如此具有魅力，和它那缤纷的色彩是分不开的。色彩的配制在鸡尾酒的调制中至关重要。

（1）糖浆由各种含糖比重不同的水果制成，颜色有红色、浅红色、黄色、绿色、白色等。较为熟悉的糖浆有红石榴糖浆（深红）、山楂糖浆（浅红）、香蕉糖浆（黄色）、西瓜糖浆（绿色）等。各种颜色的糖浆是鸡尾酒中的常用调色辅料。

（2）果汁是通过水果挤榨而成的，具有水果的自然颜色，且含糖量比糖浆要少得多。常见的有橙汁（橙色）、香蕉汁（黄色）、椰汁（白色）、西瓜汁（红色）、葡萄汁（浅红色）、西红柿汁（粉红）等。

（3）力娇酒颜色十分丰富，几乎包括了赤、橙、黄、绿、青、蓝、紫等多种颜色。有些同一品牌的力娇酒有几种不同颜色，如可可酒有白色、褐色，薄荷酒有绿色、白色，橙皮酒有蓝色、白色等。丰富多彩的力娇酒也是鸡尾酒调制中不可缺少的辅料。

（4）基酒是制作鸡尾酒最基本的原料酒，在基酒中除伏特加、金酒等少数几种基酒为无色烈酒外，大多数基酒都有自身的颜色，基酒也是构成鸡尾酒色彩的基础。

2．鸡尾酒颜色调配

鸡尾酒颜色的调配需按色彩配比的规律调制。

（1）分层鸡尾酒的色彩调配

1）在调制彩虹酒时，首先要使每层酒为等厚度，以保持酒体形态最稳定的平衡；其次应注意色彩的对比，如红与绿、黄与蓝是接近补色关系的一对色，白与黑是色明度差距极大的一对色；最后是将暗色、深色的酒置于酒杯下部（如红石榴汁），明亮或浅色的酒放在上部（如白兰地），以保持酒体的平衡。只有这样调出来的彩虹酒才会给人观感美。

2）在调制有分层、多色的部分高杯饮料、果汁饮料时，应注意颜色的比例配备。一般来说暖色或纯色的诱惑力强，应占比例小一些，冷色或浊色比例可大一些。如特基拉日出中深红色的红石榴汁用量就少，上面大部分为淡橙色，这样就产生一种平衡美感。

（2）鸡尾酒的色彩混合调配

在鸡尾酒家族中绝大部分鸡尾酒都是将几种不同颜色的原料进行混合调制成某种颜色的鸡尾酒。因此需要调酒师在制作鸡尾酒时要做到以下几点：

1）了解不同的两种或两种以上的颜色混合后产生的新颜色。如黄、蓝混合成绿色，红与蓝混合成紫色，红、黄混合成桔色，绿、蓝混合而成青绿色等。

2）在调制鸡尾酒时，应把握好不同颜色原料的用量。颜色原料用量过多则色深，量少则色浅。如红粉佳人，主要用红石榴汁来调出粉红色的酒品效果，在标准容量鸡尾酒杯中一般用量为 1 吧匙，多于 1 吧匙，颜色为深红，少于 1 吧匙，颜色成淡粉色，颜色过深则体现不出“红粉佳人”的魅力。

3）注意不同原料对颜色的作用。冰块是调制鸡尾酒不可缺少的原料，在调制鸡尾酒时的用量、融化时间的长短直接影响到颜色的深浅。另外，冰块本身具有的透亮性，使古典杯或岩石杯中酒品更具有光泽，更显晶莹透亮，如君度加冰、威士忌加冰、金巴利加冰等。

4）了解乳、奶、蛋等均具有半透明的特点，且不易同饮品的颜色混合。奶起增白效果，蛋清增加泡沫，蛋黄增强口感。调制中使用这些原料，可以增加饮品的诱惑力，如青草蜢、金色菲士等。

5）了解碳酸饮料对酒品颜色有稀释作用，同时碳酸饮料中的气泡会给鸡尾酒赋予一些神秘的色彩。

3．鸡尾酒颜色代表的意义

红色鸡尾酒和混合饮料，表达的是幸福、热情和有活力的情感。紫色鸡尾酒给人高贵而庄重的感觉；粉红色的鸡尾酒，传达浪漫、健康的情感；黄色鸡尾酒，给人一种辉煌，神圣的象征；绿色鸡尾酒，使人感到年轻，充满活力；蓝色鸡尾酒，既可给人以冷淡、伤感的联想，又可使人平静、产生希望；白色饮品，给人纯洁、高贵、善良的感觉。

四、鸡尾酒的口味

人们对味道的感受是通过鼻（嗅觉）和舌（味觉）来体验的。鸡尾酒味道是由具有各种天然香味的饮料成分来调配的，所以它的味道调配过程不同于食品的烹调。食品一般需要在烹调过程中通过煎、炒、熏、炸等加热方法，使其不同风味的物质挥发，而鸡尾酒等饮品中主要是挥发性很强的芳香物质，如醇类、脂类、醛类、酮类、烃类等，如果温度过高，芳香物质会很快挥发，香味会消失。鸡尾酒需加冰块在最佳的保持芳香味的温度下完成调制。鸡尾酒调出的味道一般都不过酸、过甜，是一种味道较为适中，能满足人们各种口味的饮品。

在调制鸡尾酒时，应根据顾客的喜好来调配。一般西方人不喜欢含糖或含糖高的饮品，为他们调制鸡尾酒时，糖浆等甜物要少放，碳酸饮料最好用不含糖的。而东方人，如日本人、中国人则喜欢甜口，可使酒品甜味略突出。在调制鸡尾酒时，还应注意世界上各种流行口味的鸡尾酒。

第三节　国际流行鸡尾酒的制作

一、红粉佳人（Pink Lady）

调制方法：摇和法

颜色和口感：该酒颜色鲜红、美艳、酒面飘浮着细腻的泡沫，酒味芳香，入口润滑，果香浓郁。

配方及原料	器具	操作步骤	成品展示
45 mL 杜松子 7 mL 红石榴糖浆 15 mL 鲜柠檬汁 1 个新鲜鸡蛋清	摇酒壶、量酒器、鸡尾酒杯	1. 洗净双手并擦干 2. 将 3～5 块冰加入摇酒壶中 3. 用量酒器将原料按分量依次倒入摇酒壶中 4. 盖上滤冰器 5. 盖上壶帽 6. 单手或双手摇摇酒壶，至摇酒壶壶壁起霜即可 7. 打开壶帽，将酒滤入鸡尾酒杯内 8. 可将调制好的鸡尾酒置于杯垫上 9. 清洁器具，清理工作台	

二、莫吉托（Mojito）

调制方法：调和法

颜色和口感：薄荷叶的清香和朗姆酒的焦糖味给人以清凉爽口的感觉。

配方及原料	器具	操作步骤	成品展示
60 mL 白朗姆酒 2 茶匙白砂糖 6 个青柠角 少许苏打水 8 片薄荷叶	柯林杯、量酒器、搅棒	1. 洗净双手并擦干 2. 将 3～5 块冰放入柯林杯 3. 把青柠角、薄荷叶和糖浆放进杯中，用搅棒将其搅碎混合 4. 冰块加入朗姆酒 5. 倒满苏打水 6. 插入一只吸管 7. 可调制好的鸡尾酒置于杯垫上 8. 清洁器具，清理工作台	

三、咸狗（Salty Dog）

方法：调和法

颜色和口感：伏特加酒和西柚汁的搭配，让人们对伏特加酒有了新的喝法。酒精香气在果汁的衬托下口味更佳，适口的淡盐更让人感到清爽。

配方及原料	器具	操作步骤	成品展示
30 mL 伏特加 90 mL 鲜西柚汁 少许盐	量酒器、吧匙、古典杯	1. 洗净双手并擦干 2. 酒杯制作盐霜 3. 将 3～5 块冰加入古典杯中 4. 用量酒器将原料按分量依次倒入摇酒壶中 5. 搅拌 6. 可将调制好的鸡尾酒置于杯垫上 7. 清洁器具，清理工作台	

四、血玛丽（Bloody Mary）

方法：兑和法

颜色和口感：鲜红的酒色体现出了该酒独特的口感，浓浓的酒精香味在蔬菜汁及调味料的衬托下更加浓郁，淡淡的蔬菜原味让浓烈的酒品飘着清香。

配方及原料	器具	操作步骤	成品展示
30 mL 伏特加 90 mL 西红柿汁 15 mL 鲜柠檬汁 少许李派林汁、辣椒仔、盐粉、黑胡椒粉、芹菜杆、鲜柠檬片	海波杯、量酒器、吧匙	1. 洗净双手并擦干 2. 将 3～5 块冰加入海波杯 3. 用量酒器将原料按分量依次加入 4. 将装饰物加入并搅拌 5. 可将调制好的鸡尾酒置于杯垫上 6. 清洁器具，清理工作台	

五、长岛冰茶（Long Island Iced Tea）

方法：兑和法

原料的混搭使酒品散发着橙味、焦糖、松油与酒精的混合香气，可乐加柠檬冲淡了浓烈酒精的诱惑和不适，让这杯长饮类型的鸡尾酒众口皆宜。

配方及原料	器具	操作步骤	成品展示
20 mL 白朗姆酒 20 mL 伏特加 20 mL 金酒 20 mL 龙舌兰酒 20 mL 君度 20 mL 鲜柠檬汁 少许可乐 柠檬角	摇酒壶、海波杯、量酒器、吧匙	1. 洗净双手并擦干 2. 将 3～5 块冰加入海波杯 3. 用量酒器将原料按分量依次倒入 4. 装饰并搅拌 5. 可将调制好的鸡尾酒置于杯垫上 6. 清洁器具，清理工作台	

六、百加得鸡尾酒（Bacardi Cocktail）

方法：摇和法

颜色和口感：该酒颜色来源于石榴糖浆，口味酸甜具有朗姆酒的焦糖香。

配方及原料	器具	操作步骤	成品展示
28 mL 白朗姆酒 10 mL 红石榴糖浆 14 mL 青柠汁	鸡尾酒杯、量酒器、摇酒壶	1. 洗净双手并擦干 2. 将 3～5 块冰加入摇酒壶中 3. 用量酒器将原料按分量依次倒入摇酒壶中 4. 盖上滤冰器 5. 盖上壶帽 6. 单手或双手摇摇酒壶，至摇酒壶壶壁起霜即可 7. 打开壶帽，将酒滤入鸡尾酒杯内并装饰 8. 可将调制好的鸡尾酒置于杯垫上 9. 清洁器具，清理工作台	

七、侧车（Side Car）

方法：摇和法

颜色和口感：该酒颜色属于原料的自然色，口味酸甜，橙皮酒和柠檬香气的混合使白兰地更加香醇。

配方及原料	器具	操作步骤	成品展示
30 mL 白兰地酒 15 mL 橙皮甜酒 15 mL 鲜柠檬汁	鸡尾酒杯、量酒器、摇酒壶	1. 洗净双手并擦干 2. 将3～5块冰加入摇酒壶中 3. 用量酒器将原料按分量依次倒入摇酒壶中 4. 盖上滤冰器 5. 盖上壶帽 6. 单手或双手摇摇酒壶，至摇酒壶壶壁起霜即可 7. 打开壶帽，将酒滤入鸡尾酒杯内并装饰 8. 可将调制好的鸡尾酒置于杯垫上 9. 清洁器具，清理工作台	

八、布朗克斯（Bronx）

方法：摇和法

颜色和口感：一杯橙色鸡尾酒，可让人品尝到杜松子酒与开胃酒的独特风格。

配方及原料	器具	操作步骤	成品展示
30 mL 金酒 15 mL 甜味美思 15 mL 干味美思 30 mL 鲜橙汁	鸡尾酒杯、量酒器、摇酒壶	1. 洗净双手并擦干 2. 将3～5块冰加入摇酒壶中 3. 用量酒器将原料按分量依次倒入摇酒壶中 4. 盖上滤冰器 5. 盖上壶帽 6. 单手或双手摇摇酒壶，至摇酒壶壶壁起霜即可 7. 打开壶帽，将酒滤入鸡尾酒杯内 8. 可将调制好的鸡尾酒置于杯垫上 9. 清洁器具，清理工作台	

九、新加坡司令（Singapore Sling）

方法：摇和法、调和法、兑合法

颜色和口感：色彩艳丽的长饮鸡尾酒，杜松子酒的香气配上樱桃白兰地有一种独特的口味，苏打水冲淡了酒精的浓烈，满杯的冰块给人以清凉的感觉。

配方及原料	器具	操作步骤	成品展示
42 mL 金酒 10 mL 樱桃白兰地 14 mL 红石榴糖浆 20 mL 柠檬汁 苏打水 柠檬片 红樱桃	海波杯、量酒器、摇酒壶	1. 洗净双手并擦干 2. 将 3～5 块冰加入摇酒壶中 3. 用量酒器将原料按分量依次倒入摇酒壶中 4. 盖上滤冰器 5. 盖上壶帽 6. 单手或双手摇摇酒壶，至摇酒壶壶壁起霜即可 7. 打开壶帽，将酒滤入海杯酒杯内并注入苏打水、装饰 8. 可将调制好的鸡尾酒置于杯垫上 9. 清洁器具，清理工作台	

十、生锈钉（Rusty Nail）

方法：调和法

颜色和口感：是加重了颜色和口味的威士忌。

配方及原料	器具	操作步骤	成品展示
30 mL 苏格兰威士忌 30 mL 杜林标甜酒	古典杯、量酒器、吧匙	1. 洗净双手并擦干 2. 将 3～5 块冰加入酒杯 3. 用量酒器将原料按分量依次倒入 4. 装饰并搅拌 5. 可将调制好的鸡尾酒置于杯垫上 6. 清洁器具，清理工作台	

思考与练习

1. 简述搅动的方法。
2. 简述鸡尾酒颜色的构成。
3. 鸡尾酒的调制方法有哪几种？
4. 练习特基拉日出、红粉佳人、生锈钉的调制。

第四章 酒吧服务和酒水销售管理

酒吧服务是现代饭店宾客服务的重要组成部分。了解酒吧服务项目的设置，掌握酒吧服务的基本流程和服务过程中的相关知识，对提高服务质量有着决定性的作用。

酒水的销售管理不同于菜肴食品的销售管理，有其特殊性。加强酒水的销售管理与成本控制，对有效地控制酒水成本、提高饭店经济效益有十分重要的意义。

学习目标

☆了解酒吧服务项目的设置原则。

☆掌握酒吧服务人员的配置。

☆掌握酒吧酒水销售管理和成本控制的方法。

第一节　酒吧服务项目及人员配置

一、酒吧服务项目的设置

酒吧服务项目的设置是酒吧经营管理的重要内容，也是酒吧服务的基础。合理设置酒吧服务项目可以体现酒吧特色，增加酒吧的吸引力，满足顾客的需求，促进顾客消费，进一步提高顾客满意度和酒吧的经济效益。

1．酒吧服务项目选择的重要性

（1）酒吧服务项目是根据酒吧经营的娱乐活动而设立的

酒吧通过娱乐活动创造出特殊的环境和氛围，吸引顾客到酒吧娱乐、消遣、放松、休闲，达到精神和情感上的满足，酒吧以此突出其酒吧文化及酒吧经营特色。

（2）酒吧服务项目是酒吧经济效益的体现

酒吧的经济效益主要是通过顾客在酒吧中消费过程的支出来体现的。从传统的基本餐饮消费到新兴的各种娱乐消费，各个服务项目是酒吧经济效益的体现。

2．酒吧服务项目设置的原则

（1）酒吧服务项目的设置要合理合法

任何的服务项目都应符合国家政策和法律，并符合酒吧的资金承受能力。

（2）酒吧服务项目的设置要满足顾客的合理需求

酒吧经营必须根据顾客的身心需求，建立既有文化品位，又受顾客欢迎的娱乐项目。

（3）酒吧服务项目的设置要特色鲜明，符合潮流的发展

酒吧经营的娱乐项目应有独特风格，要适应社会的发展。

二、酒吧服务人员的配置

一般在大型餐饮和星级酒店中，都设有饮料部。饮料部隶属于餐饮部，设饮料部经理、饮料部副经理（饮料部主管）、饮料部领班、饮料部调酒师、服

务员。

1．饮料部经理的职责

饮料部经理负责饭店内酒吧、餐厅酒水经营管理业务，指导本部门员工为顾客提供高效、优质的饮料服务。

（1）制定饮料部的安全、卫生、酒水控制等各项规章制度，并组织实施。

（2）参加餐饮部例会，了解饭店餐饮运营状况，召开本部门安全会，布置任务，下达指示。

（3）随时掌握整个饭店的酒水库存状况，严格控制饮料部运营成本。

（4）组织与饮料供应商联办的酒水促销活动及节日活动。

（5）与采购部密切联系，及时为有特殊需要的顾客提供服务。

（6）设计并安排定制红、白葡萄酒酒单，饮料单，鸡尾酒单，菜单和宣传册等。

（7）制定各种鸡尾酒、特殊饮品的标准配方和制作方法。

（8）处理顾客对饮料的投诉，了解顾客的意见和建议。

（9）合理分配工作、安排班次，指导饮料部的日常工作。

（10）负责饮料部的人事安排、绩效评估，按奖罚制度实施奖罚。

（11）指导实施培训，确保本部门员工的素质和工作态度达到岗位要求。

（12）负责本部门所用的硬件设施及工具的维护保养和更新。

（13）及时将本部门的经营状况，包括特别事件，向餐饮部经理报告。

2．饮料部副经理（饮料部主管）的职责

饮料部副经理（饮料部主管）协助饮料部经理全面负责饮料部日常管理工作，并在经理的授权下具体负责某一业务领域的工作。其工作内容与饮料部经理相同。

3．饮料部领班的职责

饮料部领班协助部门经理和指导各酒吧的调酒师（服务员），保证酒吧向顾客提供高效、优质的酒水服务。

（1）随时掌握酒水库存状态，做好酒水控制工作。

（2）向调酒师和服务员布置任务，安排班次，并在他们的服务过程中进行监督和指导。

（3）控制酒吧状态，包括卫生状态、服务区域内的餐具和用具的供应情况、硬件设施的完好状态。如发现问题应及时解决，并向当班经理汇报。

（4）控制服务区域顾客状况，及时解决顾客提出的问题。适当处理顾客投诉，尽可能多地了解顾客，与顾客建议良好的关系。

（5）营业结束后，检查餐台、服务台、吧台，并做好各项善后工作。

（6）认真填写当天的营业报告和各种提供单。

（7）定期对本班组员工进行绩效评估，向饮料部经理提出奖惩建议，并组织实施对本班组员工的培训。

4．饮料部调酒师（服务员）的职责

调酒师是在酒吧或餐厅等场所，根据传统配方或宾客的要求，专职从事配制并销售酒水的人员。调酒师应手指、手臂灵活，动作协调；色、味、嗅等感官灵敏；具有高中以上学历；经过专业培训；具备良好的职业道德和修养；遵守该行业的职业守则。

（1）每天根据销售状况从酒库提取所需酒水。

（2）搞好酒吧内卫生工作，清洁所有调酒用具。

（3）准备好各种调酒装饰物以及食品。

（4）检查冰块是否新鲜、充足，是否符合卫生标准。

（5）检查小吃的质量，检查已开封的酒水是否变质。

（6）检查酒吧内各种设施是否工作正常。

（7）按照饭店的标准为顾客提供高效、优质的服务。

（8）按照标准份额为顾客调制各种酒水。

（9）为坐在吧台的顾客提供饮料服务。

（10）在营业中保持酒吧的干净、整洁。

（11）及时将垃圾送至垃圾房。

（12）控制饮料成本，严防酒水浪费和失窃。

（13）做好酒吧关门后的善后工作，认真做营业分析，并对库存进行盘点。

（14）执行上级批示，努力完成上级布置的工作任务。

（15）精通业务，熟悉各种酒水的特性、饮用方式和服务方式。

（16）掌握推销技巧，做好饮料的推销工作。

（17）懂得饮食卫生知识，按饮食卫生的要求严格做好工作。

（18）与餐厅服务员协作，共同做好服务工作。

（19）每月与成本控制组合作，盘点本酒吧酒水。

知识链接

调酒师工作注意事项

调酒师接到点酒单后要及时调酒，并应注意以下事项：

1. 调酒时要注意姿势正确，动作潇洒，自然大方。

2. 调酒师调酒时，应始终面对顾客，去陈列柜取酒时应侧身而不要转身，否则被视为不礼貌。

3. 严格按配方要求调制，如顾客所点的酒水单上没有的，应征询顾客的意见而决定是否需要替换。

4. 调酒师调酒时要按规范操作。

5. 调制好的酒应尽快倒入杯中，对吧台前的顾客应倒满一杯，其他顾客斟倒八成满即可。

6. 随时保持吧台及操作台的卫生，用过的酒瓶应及时放回原处，调酒工具应及时清洗。

7. 当吧台前的顾客杯中的酒水不足 1/3 时，调酒师可建议顾客再来一杯，起到推销的作用。

8. 掌握好调制各类饮品的时间，不要让顾客久等。

三、酒吧服务流程

酒吧服务流程如图 4—1 所示。

1. 迎宾服务

迎宾服务是酒吧为顾客提供服务的开端，礼貌得体、优雅大方的迎宾服务，在吸引了顾客的同时，也为酒吧树立了良好形象。

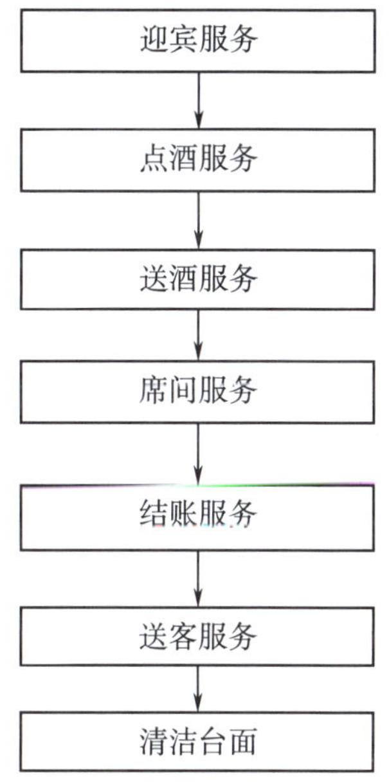

图 4—1　酒吧服务流程

2. 点酒服务

点酒服务即为顾客点酒并下单的服务过程。此服务是酒吧服务中非常重要的环节之一，既要求酒吧服务人员具备优秀的专业知识，了解酒吧内的各种酒品特色，同时也要有良好的表达能力和销售技巧。

3. 送酒服务

送酒服务即按照酒水服务的规定，将酒水连同其他餐点送至顾客面前。

4. 席间服务

在席间要勤巡视，及时为顾客更换、补充杯具、纸巾物品。席间服务是良好服务的重要体现，殷勤热情的席间服务不仅有利于提高顾客的满意度，使顾客充分感受到受重视的心理满足，同时有利于提高二次销售的概率。

5. 结账服务

要及时、快速地为顾客办理结账服务，要求账单清晰、准确。

6. 送客服务

顾客准备离开时，服务人员要做好送客准备，并提醒顾客勿遗失物品，然后送客至酒吧门口。

7. 清洁台面

在顾客离开后，立即清理台面，恢复至迎客状态。

第二节 酒吧酒水销售管理

酒水的销售管理和控制历来是很多饭店的薄弱环节。这是由于：一方面，管理人员缺乏应有的专业知识；另一方面，酒水销售成本相对较低，利润较高，少量的流失或管理的疏漏无法引起管理者足够的重视。因此，首先要求管理者更新观念，牢固树立成本控制意识；其次，管理者要不断钻研业务，了解酒水销售过程的特点，有针对性地采取相应措施，使用正确的管理和控制方法，从而达到酒水销售管理和控制的目的。

在酒吧经营过程中，常见的酒水销售形式有零杯销售、整瓶销售和混合销售三种。这三种销售形式各有特点，管理和控制的方法也各不相同。

一、零杯销售

零杯销售是酒吧经营中常见的一种销售形式，销售量较大，主要用于一些烈性酒，如白兰地、威士忌等的销售，葡萄酒偶尔也会采用零杯销售的方式。零杯销售的销售时机一般在餐前或餐后，尤其是餐后，顾客用完餐，喝杯白兰地或是餐后甜酒，一方面消磨时间，相聚闲聊；另一方面帮助消化。零杯销售的控制首先必须计算每瓶酒的销售份额，然后统计出每一段时间总销售数，采用还原控制法进行酒水的成本控制。

由于各酒吧采用的标准计量不同，各种酒的容量不同，在计算酒水销售份额时首先要确定酒水销售标准计量。目前，酒吧常用的计量有 28 mL、42 mL、56 mL 三种，同一饭店的酒吧在确定标准计量时必须统一。标准计量确定以后，便可以计算出每瓶酒的销售份额。以人头马 V.S.O.P. 为例，每瓶酒的容量为 700 mL，每份计量设定为 1 oz（约 28 mL），计算方法如下：

$$销售份额=\frac{每瓶酒容量-溢损量}{每份计量}=\frac{700-28}{28}=24（份）$$

计算公式中，溢损量是指酒水存放过程中自然蒸发损耗和服务过中的滴漏损耗。根据国际惯例，这部分损耗以每瓶酒 1 oz 左右为正常。根据计算结果，可以得出每瓶人头马 V.S.O.P. 可销售 24 份。核算时，可以分别算出每份或每瓶酒的理论成本，并将之与实际成本进行比较，从而发现问题并及时纠正销售过程中的差错。

零杯销售的关键在于日常控制，日常控制一般通过酒水盘存表（见表 4—1）来完成，每个班次的当班调酒员必须按表中的要求对照酒水的实际盘存情况认真填写。

表 4—1 酒水盘存单

酒吧 ________________ 日期 ________________

编号	品名	早班					晚班						备注
		基数	调进	调出	售出	实际盘存	基数	领进	调进	调出	售出	实际盘存	

制表 ________________

盘存表的填写方法是：调酒员每天上班时按照表 4—1 中的品名逐项盘存，填写存货基数；营业结束前统计当班销售情况，填写售出数，再检查有无内部调拨，若有则填上相应的数字；最后，用“基数 + 调进数 − 调出数 − 售出数 = 实际盘存数”的方法计算出实际盘存数，并填入表中，并将此数据与酒吧存货数进行核对，以确保账物相符。酒水领货按惯例一般每天一次，此项可根据饭店实际情况列入相应的班次。管理人员必须不定期检查盘存中的数量是否与实际储存量相符，如有出入，应及时检查，及时纠正，堵塞漏洞，减少损失。

二、整瓶销售

整瓶销售是指酒水以瓶为单位对外销售。这种销售形式在一些大饭店、营业状况比较好的酒吧较为多见，而在普通档次的饭店和酒吧则较为少见。一些饭店和酒吧为了鼓励顾客消费，通常采用低于零杯销售的 10%～20% 的价格对外销售整瓶酒水，从而达到提高经济效益的目的。但是，由于差价的关系，往往也会导致觉悟不高的调酒师和服务员相互勾结，把零杯销售的酒水收入以整瓶酒的售价入账，从而中饱私囊。为了防止此类行为的发生，减少酒水销售的损失，整瓶销售可以通过整瓶酒水销售日报表（见表 4—2）来进行严格控制，即每天将按整瓶销售的酒水品种和数量填入日报表中，由主管签字后附上订单，一联交给财务部，另一联酒吧留存。

表 4—2　　整瓶酒水销售日报表

酒吧________　　班次________　　日期________

编号	品种	规格	数量	售价		成本		备注
				单价	金额	单价	金额	

调酒员________　　主管________

另外，在饭店各餐厅的酒水销售中，国产名酒和葡萄酒的销售量较大，而且以整瓶销售居多。这类酒水的控制也可以使用整瓶酒水销售日报表来进行，或者直接使用酒水盘存表进行控制。

三、混合销售

混合销售通常称为配制销售或调制销售，主要指混合饮料和鸡尾酒的销售。鸡尾酒和混合饮料在酒水销售中所占的比例较大，涉及的酒水品种也较多，因此，销售控制的难度也较大。

酒水混合销售的控制比较复杂，有效的手段是建立标准配方。标准配方的内容一般包括酒名、各种调酒材料及用量、成本、载杯和装饰物等。建立标准配方的目的是使每一种混合饮料都有统一的质量，同时确定各种调配材料的标准用量，以利于加强成本核算。标准配方是成本控制的基础，不但可以有效地避免浪费，而且还可以有效地指导调酒师进行酒水的调制操作。酒吧管理人员则可以依据鸡尾酒的配方采用还原控制法实施酒水的控制，其控制方法是先根据鸡尾酒的配方计算出某一酒品在某一时期的使用数量，然后再按标准计量还原成整瓶数。计算方法是：

酒水消耗量 = 配方中该酒水用量 × 实际销售量

以干马天尼酒为例，其配方是金酒 2 oz，干味美思 0.5 oz，假设某一时期共销售干马天尼 150 份，那么，根据配方可算出金酒的实际用量为：

$$2\ \text{oz} \times 150 = 300\ \text{oz}$$

若每瓶金酒的标准份额为 24 oz，则实际耗用整瓶金酒数为：

$$300 \div 24\ \text{oz/瓶} = 12.5\ \text{瓶}$$

因此，混合销售完全可以将调制的酒水分解还原成各种酒水的整瓶耗用量来核算成本。

在日常管理中，为了准确计算每种酒水的销售数量，混合销售可以采用鸡尾酒销售日报表（见表 4—3）来进行控制。每天将销售的鸡尾酒或混合饮料登记在日报表中，并将使用各类酒品数量按照还原法记录在酒水盘点表上，管理人员将两表中酒品的用量相核对，并与实际储存数进行比较，检查是否有差错。

表 4—3　　鸡尾酒销售日报表

酒吧 ________　班次 ________　日期 ________

品种	数量	单位	金额	备注

调酒员 ________　主管 ________

鸡尾酒销售报表也应一式两份，由当班调酒师、主管签字后一份送财务部，一份酒吧留存。

总之，酒水的销售控制虽然有一定的难度，但是，只要管理者认真对待，注意做好员工的思想工作，建立起完善的操作规程和标准，是可以做好的。

思考与练习

1. 简述酒吧项目设置的原则。
2. 绘制酒吧服务流程图。
3. 什么是溢损量？

附录一　酒吧实用英语

调酒师不仅要会调酒，而且要把调酒专业英语应用在工作中，在艺术美中表现出调酒师的调酒技能，从无声展示转变为用英语做有声表演，这就是学习酒吧实用英语的目的所在。

一、杯具专业词汇（Bar Glasses）

Beer Mug（Glass）	啤酒杯
Brandy Snifter	白兰地酒杯
Crystal Glass	水晶酒杯
Cocktail Glass	鸡尾酒杯
Champagne Glass	香槟酒杯
Champagne Saucer	碟型香槟酒杯
Cordial Glass	甜酒露杯
Collins Glass	柯林杯
Claret Glass	波尔多葡萄酒杯
Decanter	醒（滗）酒器
Fruit Cup	水果杯
Footed Glass	矮脚杯
Goblet	高脚水杯
Highball Glass	海波杯
Jug	水扎
Liqueur Glass	利口酒杯
Measuring Glass	量杯
Margarita Glass	玛格丽特杯
Mug	有耳大啤酒杯
Old Fashioned Glass	古典酒杯、老式杯
Red Wine Glass	红葡萄酒杯

Spirit Glass	烈性酒杯
Sour Glass	酸酒杯
Sherry Glass	雪利酒杯
Short Glass	短饮杯
Tumbler Glass	平底玻璃杯
Tapered Glass	锥形酒杯
Tulip Champagne	郁金香型香槟酒杯
Wine Glass	葡萄酒杯
Whisky Glass	威士忌酒杯
White Wine Glass	白葡萄酒杯
Tea Cup	茶杯
Tea Saucer	茶碟
Coffee Cup	咖啡杯
Coffee Saucer	咖啡碟
Wine Cup	（盛放中国白酒用的）酒盅
Disposable Cups	一次性杯

二、用具专业词汇（Utensils）

Ashtray	烟灰缸
Bottle Opener	开瓶器
Bar Stool	酒吧高凳
Bar Spoon	吧匙
Bar Fork	酒吧用长叉
Bar Knife	酒吧用刀
Champagne Bucket	香槟酒桶
Can Opener	开罐器
Cork Screw	螺旋拔塞器
Cream Dipper	雪糕勺
Coaster	杯垫
Cleaning Equipment	清洁用具
Cutting Board	切板
Champagne Cooler	香槟酒冷却器
Funnel	漏斗
Glass Clothes	擦杯布

Glass Saucer	玻璃小碟
Ice Tong	冰夹
Ice Scoop	冰勺
Ice Shaver	冰刨
Ice Pick	冰插
Ice Bucket	冰桶
Jigger	量酒器
Lemon Squeezer	柠檬榨汁器
Mixing Stirrer	调酒棒
Mixing Glass	调酒杯
Measures	量酒器
Milk Jug	奶勺
Paper Napkin	纸巾
Presser	榨汁机
Straw	吸管
Stainless Steel Water Jug	不锈钢水壶
Sugar Bowl	糖盅
Strainer	过滤器
Shaker	调酒壶
Squeezer	榨汁器
Serving Tray	托盘
Tooth Pick Holder	牙签桶
Water Jug	水扎
Wine Basket	葡萄酒篮
Washing Basin	小水池
Zester	剥皮器
Cigar Cutter	雪茄剪
Bowl Cover	杯盖

三、酒吧设备（Bar Equipment）

Bar Refrigerator	冰箱
Bar Counter	吧台
Blender	搅拌机
Electronic Dispensing System	电动饮料机

Glass Chiller	上霜机
Soda Gun	苏打枪
Ice Maker	制冰机
Ice Making Machine	制冰机
Refrigerator	冷藏柜（冰箱）

四、酒水饮料（Beverages）

Advocaat	蛋黄酒
Ale	上发酵啤酒
Almond	杏仁酒
Anisette	茴香酒
Aperitif	开胃酒
Apricot Brandy	杏子白兰地
Bacardi (Rum)	百家得朗姆酒
Barmaid	女调酒师
Bartender	调酒师
Beer	啤酒
Benedictine	法国产修士酒
Beverage	酒水、饮料
Bitter Lemon	苦柠檬水
Bitters	比特酒
Bourbon Whiskey	美国波本威士忌
Cassis	黑加仑子酒（餐后甜酒）
Champagne	香槟酒、香槟地区
Chartreuse	法国产修道院酒（餐后甜酒）
Cherry Brandy	樱桃白兰地
Cherry Heering	樱桃甜酒
Cognac	法国干邑区产的白兰地酒
Creme de Cacao	可可甜酒
Creme de Cafe	咖啡甜酒
Creme de Menthe	薄荷酒
Dark Rum	深色（黑）朗姆酒
Distilled Water	蒸馏水
Draught Beer	生啤酒

Drink	饮料
Espresso Coffee	意大利特浓咖啡
Fino	一种淡色的雪利酒
French Wine	法国葡萄酒
Grenadine Syrup	红石榴糖浆
German Wine	德国葡萄酒
Gin	金酒、杜松子酒、琴酒
Grand Marnier	餐后甜酒（用橘皮酿造，产自法国干邑区）
Grape Juice	葡萄汁
Grapefruit Juice	西柚汁
Honey	蜜糖
Irish Coffee	爱尔兰咖啡（一种鸡尾酒）
Kummel	茴香型餐后甜酒（产于法国、荷兰）
Lager	底部发酵的啤酒
Lemonade	柠檬味汽水
Lime	青色柠檬
Lemon	黄色柠檬
Liqueur	餐后甜酒（烈性）
Long Drink	长饮
Madeira	马德拉酒（一种甜品酒）
Malt	麦芽
Malt Whisky	纯麦芽威士忌
Maraschino	樱桃餐后甜酒
Medium Dry	半干
Peppermint	绿薄荷酒
Spirit	烈酒

附录二　液体的量度换算

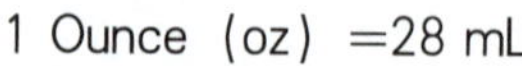

1 Ounce（oz）=28 mL	1 美液盎司等于 28 mL
1 Tsp（bsp）=1/8 oz	1 茶匙（吧匙）等于 1/8 美液盎司
1 Tbsp=3/8 oz	1 餐匙等于 3/8 美液盎司
1 Jigger=1.5 oz	1 吉格等于 1.5 美液盎司
1 Split=6 oz	1 斯普里特等于 6 美液盎司
1 Miniature=2 oz	1 明尼托等于 2 美液盎司
1 Pint=16 oz	1 品脱等于 16 美液盎司
1 Quart=32 oz	1 夸脱等于 32 美液盎司
1 Gallon=128 oz	1 加仑等于 128 美液盎司
1 Imperial quart=38.4 oz	1 大夸脱等于 38.4 美液盎司
1 Dorp=0.1 to 0.2 mL	1 滴等于 0.1～0.2 毫升
1 Dash=0.6 mL	1 点等于 0.6 毫升
1 L=1 000 mL	1 升等于 1 000 毫升